# 为什么爱会伤人

## 亲密关系中的自恋型人格障碍

Should I Stay or Should I Go?

[美] 拉玛尼 · 德瓦苏拉○著

吕红丽○译

## 图书在版编目（CIP）数据

为什么爱会伤人 : 亲密关系中的自恋型人格障碍 / (美) 拉玛尼 · 德瓦苏拉著 ; 吕红丽译. -- 杭州 : 浙江大学出版社, 2022.2

书名原文: Should I Stay or Should I Go: Surviving A Relationship with a Narcissist

ISBN 978-7-308-21924-2

Ⅰ. ①为… Ⅱ. ①拉… ②吕… Ⅲ. ①人格心理学—通俗读物 Ⅳ. ①B848-49

中国版本图书馆CIP数据核字(2021)第229816号

浙江省版权局著作权合同登记图字：11-2021-291


为什么爱会伤人：亲密关系中的自恋型人格障碍

[美] 拉玛尼 · 德瓦苏拉　著　吕红丽　译

---

策　　划　杭州蓝狮子文化创意股份有限公司
责任编辑　黄兆宁
责任校对　卢　川
封面设计　JAJA Design
出版发行　浙江大学出版社
（杭州市天目山路148号　邮政编码 310007）
（网址：http://www.zjupress.com）
排　　版　杭州林智广告有限公司
印　　刷　杭州钱江彩色印务有限公司
开　　本　880mm×1230mm　1/32
印　　张　9.375
字　　数　216千
版 印 次　2022年2月第1版　2022年2月第1次印刷
书　　号　ISBN 978-7-308-21924-2
定　　价　59.00元

---



浙江大学出版社市场运营中心联系方式：0571-88925591；http://zjdxcbs.tmall.com

谨以此书献给我生命中的几位“缪斯女神”：

可爱的女儿玛雅和珊蒂·辛金

妹妹帕德玛·索尔兹伯里

母亲赛·德瓦苏拉

并以此书缅怀我的祖母

拉特纳马拉·古努普迪（1924-2014）

**在爱面前，现实竟是如此微不足道。**

——马塞尔·普鲁斯特[①]

**有了爱，人就变得谦卑。可以说，那些懂得付出爱的人，便不再自恋。**

——西格蒙德·弗洛伊德[②]

① 20世纪法国最伟大的小说家之一，意识流文学的先驱与大师，也是20世纪世界文学史上最伟大的小说家之一。（译者注）

② 奥地利心理分析学家及精神病学家。（译者注）

# 序言

SHOULD I STAY OR SHOULD I GO?

## 蝎子和天鹅

河的这边生活着一只蝎子。有一天，这只蝎子要去河的另一边，无奈河太宽，中间也没有石头，他又过不过去。于是，他央求各种水鸟——野鸭、野鹅和苍鹭——把他带到河的那一边，但是均遭到了拒绝，因为这些水鸟们深知蝎子有多么狡猾，被他蜇一下有多么痛。焦急之时，蝎子看见一只可爱的天鹅正沿河而下，于是满脸讨好地恳求她帮忙。

“美丽的天鹅，请把我带到河的那一边吧。你如此美丽，谁能忍心伤害你啊，我更不会。我只想请你把我带到河的另一边。”

看着蝎子如此殷勤、如此诚恳，天鹅犹豫了一下：

他若真想蜇我，此时我们离得这么近，随时都可以蜇，但是他没有。他能把我怎么样呢？把他带过去也就几分钟的事。于是，天鹅同意帮助他。飞越河流上空时，蝎子表达了对天鹅的感激之情，不断夸赞她是所有水鸟中最可爱、最善良的。快到河岸了，他准备从天鹅身上跳下去，就在他跳下前的一刹那，蝎子抬起尾巴狠狠地蜇了天鹅一下。

天鹅哭了，备感受伤。她想不明白蝎子为什么要这样做，他刚才那么信誓旦旦，那么殷勤友好，这根本不合乎逻辑啊。

“你为什么要蜇我？”她问。

他站在河对岸看着她说：“我是一只蝎子，这就是我的本性。”

我在临床实践中经常遇到一些客户，他们身边不乏病态自恋者和自私自利之人，这些人不仅邪恶，还侵害了他们的生活。每每遇到这样的客户，我便向他们讲述这则寓言，虽然内容苦涩但的确具有强大的教育意义。他们就像那只天鹅一样，一次又一次地被自恋者蜇痛，纵然明知可能会受到伤害，却仍抱有幻想，期待着自恋者能有所改变。不幸的是，结果总是一样的：自恋之人的恶劣行为只会变本加厉，只会更加无视伴侣的存在，总是将感情中出现的一切问题，归咎于对方。不得不说，江山易改，“蝎子”的本性难移。

在这则直戳痛点的寓言中，蝎子比一般的自恋者坦诚，至少他承认自己的本性如此。要是人类自恋者也有如蝎子一样的自知之明，承认自己的恶劣行为就是本性使然，那将是身边人的幸运。只可惜不幸的是，自恋者都不如蝎子坦诚，但凡有一丝不满，便将矛头指向他人。其实，蝎子本可以指责天鹅，谁让她同意带他过河的。毕竟，天鹅本可以拒绝的……

# 目录

SHOULD I STAY OR SHOULD I GO?

# 引言

SHOULD I STAY OR SHOULD I GO?

## 产生共鸣了吗？

约翰和瑞秋大学毕业后因为共同的朋友相识于医学院。刚毕业时，他们意气风发，事业蒸蒸日上，生活愉快，偶尔与朋友共度假期，享受漫长的周末，世界充满了无限可能。瑞秋身材高挑，婀娜多姿，从事市场营销工作，事业成功，受人瞩目。约翰刚刚成为一名医生，聪明性感，年轻有为，穿上医生的白大褂更显机智，颇具魅力。相识后，他使出浑身解数，对她展开了猛烈的追求。他有豪车（√），一份体面的工作(√)，前程万里(√)，主动用心追求她(√)，带她进出高档餐馆（√），甘为对方下厨（√），共度浪漫的周末（√），最重要的是他玉树临风、风流倜傥（√）。

但约翰高傲自信，没办法一直保持这种热情状态，所以没过几个月，他对瑞秋就开始有些漫不经心了。他不再像以前那样随叫随到，就算能到也不会准时（他是医生，总是很忙）；也不再耐心听瑞秋谈论她工作中的事（医生的工作很辛苦）；一段时间后，对待她的朋友或家人也不如刚开始那样大献殷勤（他爱她，但他又很忙，所以他们在一起时，他不希望有别人，只想和她独处）；瑞秋在工作中遇到困难需要他安慰时，他不是哈欠连天，就是不停地看手机（他是个医生，很忙，可能随时都有重要的电话）。不过他们仍会一起出去玩，玩得也开心，性生活也不错，不久他就让她搬到他的大房子里一起生活。反正她租的房子也到期了，再说她已29岁了，是时候结束单身生活了。

搬过去后，约翰明确表示不希望她对他的房子做太大改变——因为他已经习惯了家中现有物品的摆放——不过，他倒是希望这些东西能得到女人的爱抚（她很快明白，这意味着没有管家打扫卫生的日子里，她要负责打扫一切）。于是她忙里忙外，确保房子如他要求的那样干净整齐。认识他之前以及在他们交往初期，瑞秋生活得随意又自在。劳累了一天下班回到家，把鞋子往客厅中间一甩，有时直接把衣服一脱就扔在地板上，想怎么放松就怎么放松。而现在的她就像上紧了的发条，精神高度紧绷，只为确保一切都能如他所愿。渐渐地，他们的生活形成了相对固定的节奏。有了她，这个家慢慢温暖起来，每天她都会为他精心准备丰盛的晚餐。因为住在一起，他们共处的时间也增多了。他偶尔的冷漠、分心、对“独处时间”的需求，以及要求他们的生活按照他的方式进行，这一切似乎都情有可原，毕竟他是一位医生，工作繁忙，因此他们的生活只能是她迁就他。所以瑞秋总是努力将注意力放在感情中美好的方面。瑞秋喜欢她的工作，约翰从不介意她长时间工作，因为他工作的时间更长。两人各有一份可观的薪水，日子过得非常舒适，她可以随心所欲地想要什么就买什么，晚上也可以和朋友们出去玩，无须顾忌太多。在时间允许的情况下，他们有时也会邀请朋友到家里来做客——展示他们雅致的家庭和美满的生活。

瑞秋的母亲和朋友们都对她的生活赞不绝口，甚至有些嫉妒。她和约翰的家温馨舒适，生活方式令人羡慕。她的妈妈反复说："好好把握这个人——他能给你美好的生活，不仅有稳定的工作，人又幽默风趣，长得又帅……"随后，她的朋友们陆陆续续结婚了，而约翰从未给过她任何承诺。每当看到朋友因失去未婚夫或男朋友而陷入恐慌时，她也害怕随着时间流逝，一切又"回到原点"。这种恐惧感使她开始逃避，无视各种危险信号，只专注于生活中美好的方面。

那年夏天，也就是两人相识约一年后，约翰带着瑞秋到南非开普敦参加了一个商业会议，并在那里向她求婚。如电影里的桥段一般，他拿出戒指浪漫地戴在她的手指上，然后带着她一起踏上了美妙的旅途。这次旅行甜蜜而美好，美酒佳肴，云朝雨暮，让她感觉如生活在童话故事中一般（只不过她的王子是一个脾气暴躁之人）。对于他在酒店、旅途中和机场的傲慢行为，她总是能从另一个角度去解读。当他对她漠不关心、不屑一顾甚至恶意中伤时，她看着左手那两克拉重的钻戒，劝说自己：他向她求婚是出于真爱。总不能指望人人都是阳光先生吧？他们分别打电话给家人和朋友，告诉他们订婚的事以及订婚后的安排。旅行结束他们回到家，开始讨论结婚日期。她的朋友和母亲不断地说她是一个无比幸运的女孩，拥有女孩期望的一切——爱情、王子、钻戒。

约翰回家越来越晚了（医生嘛，工作很辛苦），有时他回来时还带着一身酒气。一天晚上，瑞秋在浴室里发现他背上有伤痕，好像被什么抓过似的。此外，他对自己的平板电脑和手机也看得很紧，甚至有点神神秘秘——连上厕所都带着，基本不离身——有时，一看见她进来，就立即关掉电脑，满脸堆笑地说："嗨，亲爱的，你来了，正好我可以休息一会儿。"

一个星期六，瑞秋拿着约翰的一件外套去洗时，发现里面有一张收据。这是当地一家酒吧的收据，根据上面的时间戳，她记得那天晚上他说医院让他回去加班，当时她刚给他发过短信，他说他正在给一个病人检查身体，然而实际上他正在酒吧付账。

她找他当面对质时，他暴跳如雷。"你怎么敢这样指责我？你知道我工作有多辛苦吗？那天乔·摩根到医院来找我，我当时急急忙忙从他身边抓起一堆文件就走，后来才发现我错拿了他的收据和其他一些东西。你过来看（说着打开手机通话记录）——这是他打电话的记录。你到底怎么了？这样疑神疑鬼，早晚会毁掉我们的感情！"

她哭着跪下来，乞求他原谅，她并不想失去现在所拥有的一切。这时她耳边似乎响起了母亲的声音，警告她如果失去了他，就再也找不到这么好的男人了。她没有权利指责他，即使他和朋友出去喝酒也没有必要告诉她，他工作如此辛苦，当然有权自我放松减压。然而约翰的行为中处处存有可疑之迹。她曾经也是一个自信的女孩，而现在的她却开始怀疑自己；女人特有的直觉一直困扰着她，但当她对约翰的行为提出质疑时，他总是让她感觉是自己太疯狂，有时甚至指责她对他不忠。

瑞秋慢慢发现，他们一起出去吃饭时，他对别人也并不友好。约翰总是要求最好的服务，排队等位时毫无耐心；餐馆人多时，不停抱怨上菜太慢——约翰对服务人员不仅要求高而且缺乏耐心。最令人尴尬的是，他在对服务员态度恶劣的同时又会一把把她拉过去，告诉服务员她有多漂亮。这让她颇感窘迫和不安。

之后的日子里，约翰总是深夜才回家，瑞秋感到越来越孤独。即使约翰能按时回家，也是要么让她立即收拾一下就出去吃饭，要么让她给他做饭。就算有时他会提前告诉她大概到家的时间，但结果能按时回家的情况也只有一半，而那另一半的情况都是她独自一人吃掉那些为他准备好的饭菜。大约每个月，她都会因为他的行为和他大吵大闹一次，而他便暴跳如雷，喋喋不休地数落她自私，说他在外面工作那么辛苦，而她却没事找事，难道想给他身上安装一个跟踪器吗？有时他还会倒打一耙，反问她："你为什么问我这么多问题？你想隐瞒什么吗？"

除此之外，她的生活中还有其他烦恼：工作的重组给她带来了挑战，另外自己的姐姐不幸患上了乳腺癌。身上所背负的压力让她感到苦不堪言，而他对她生活中的困难却置若罔闻。她向他谈起这些事时，他根本听不进去，有时甚至会把她在工作中遇到的困难归咎于她自己；对于她姐姐的疾病，他也是避重就轻，谈论一些有关预后的医学统计数据什么的，而不是在她害怕和担心姐姐时用心安慰她。

这几个月瑞秋正在筹备婚礼，这将是一场不惜重金打造的豪华盛会：婚礼将于圣巴巴拉的一家豪华度假酒店举行，婚纱由著名的薇薇王设计；婚宴由一位在蒙特西托（Montecito）做餐饮生意的朋友准备，都是高档美食；葡萄酒由他们亲自从当地酒庄精选；乐队是他们在当地一家酒吧看表演时定下来的。届时他们的朋友们将从全国各地飞来参加他们于周末举行的婚礼，见证“他们的爱情”。还有很多事情需要安排，约翰一直忙着工作，大部分时间都缺席——而且什么时候能来、什么时候不能来也没有一个定数。由于他经常来不了，所以许多事不得不由她来做决定，但是他一来又会推翻她所做的决定，有时甚至因为她的决定不合他意而怒斥她（可这些决定一开始都是他让她做的，有时是因为他来不了她不得不做的）。他不愧是刚愎自用，事后诸葛亮的典范。

虽然不悦，但是她已经订婚了，戴上了婚戒，有了婚房，婚纱也已订好，婚礼即将到来。虽然她有一份收入可观的工作，还有一个事业成功的未婚夫，但那只不过是个虚有其名的未婚夫。一天晚上，瑞秋向约翰敞开心扉，畅谈了自己的艺术梦想和今年夏天在意大利托斯卡纳区的一个项目。这个项目将持续6 周，他们可以在那里租一个房子，她画画写生，而他正好可以休个假，了解一下她的生活。他听后竟然大笑起来，嘲笑她这哪里是什么雄心壮志，根本就是因为偷懒想休假。他还说，她竟敢自诩是艺术家，简直就是一个笑话。并说他自己的工作太重要，根本没时间去那可笑又偏远的艺术家飞地度假。尽管她知道约翰这么说可能是故意夸大其词，但是却让她感到自己是多么愚蠢可笑。她好像听到了一声清脆的咔嗒声——梦想的翅膀就这样被无情地折断了。瑞秋开始相信他说的话，同时更加自我怀疑。

大约在结婚前3 个月，她的一位同事（在一次工作活动中见过她的未婚夫）在一个类似“脱衣舞俱乐部”的地方见到了她的未婚夫。她的未婚夫显然是这里的常客，他小心谨慎地跟着一个女人进入了一个密室。后来那个同事又看到他站在车前亲吻那个女人。不过，瑞秋的同事思量再三后，决定少惹是非，并没有把这件事告诉瑞秋。

几周后，瑞秋和约翰在她工作的地方参加了一个节日活动，那个在脱衣舞俱乐部看见约翰的同事碰巧也在那里。那天晚上，约翰对她态度粗鲁，完全不顾及她的感受，就连旁观者都觉得他的行为有失体面（他竟然当众和一个年轻漂亮的实习生调情）。这时，那个同事把瑞秋拉到一边，说了自己对她未婚夫的一些担忧，并提议这周找个时间一起聊一聊。那个星期的星期二下班后，他们一起出去喝咖啡，他对她说了那天在俱乐部看到的一切，特别是那天活动中约翰的行为让他更加怀疑约翰有问题。

然而瑞秋却一如既往地为未婚夫辩护。她说："你在俱乐部看到的人不可能是约翰；我肯定那天晚上他和我在家；他是个医生，不会那么做的。"她反而对她的同事感到生气，他是她的老朋友，他的妻子也是她的朋友，她不明白他为什么要告诉她这些。咖啡还没喝完，她就气哼哼地走了。回到家时，约翰还没回来。等他半夜回来时，她已经睡着了。第二天，她去医院做了一些调查，才知道昨天晚上约翰根本不在医院。这时，那位同事说的事在她脑海中再次浮现。她向那位同事要了俱乐部的名字。当约翰再次声称去医院加班不回家时，她悄悄来到了那家俱乐部，并看到了他的车——一辆崭新的特斯拉——就停放在停车场。

瑞秋回到家等着他回来。凌晨2:30 他才回到家。她和他吵了起来。他身上明显散发着别人的味道。她恼羞成怒。一开始，听到她的指责，他也怒不可遏，特别是听到她说在俱乐部看到了他的车时，竟然破口大骂她是"跟踪狂"。事后，约翰毕竟做贼心虚，所以第二天他来到她身边，提议两人一起去休假，表现出了温柔体贴的一面。他还向她道歉，谎称他是陪一个同事去的俱乐部，是那个同事喜欢去那样的地方。他说，她产生了误会，他也理解。他建议他们找个小岛去度个长假，一路全部头等舱，而且就他们两人一起去，算是婚礼前的最后一次放松。

热带舒适的微风、坐在床上便可目及的诱人风景、睡意蒙眬中和约翰的温存——渐渐地，脱衣舞俱乐部中发生的事以及约翰对她的熟视无睹慢慢成了遥远的记忆。旅途中，她请求他发誓——永远不要再去脱衣舞俱乐部或其他类似的地方。他一口答应。在这离婚礼还有不到两个月的时间里，约翰每天也能按时回家。于是她自我安慰他之前的那些行为只是出于对结束单身生活的紧张反应而已。他们的生活又回到了正轨。

婚礼举办得很成功——那是一个令人难忘的周末，风和日丽，诸事皆顺，洋溢着幸福的照片见证了那完美的一天。蜜月旅行充满了欢乐与甜蜜，两人日日鱼水相欢，如胶似漆，美好的生活就这样美好地开始了。瑞秋原有的疑虑和顾虑逐渐烟消云散。

蜜月结束，两人恢复了正常的生活。约翰和瑞秋收起结婚礼物，分别回去工作，生活也按照原来的节奏继续。只是现在她结婚了，总是与之前有些不同，对吧？在别人眼里，他们的婚后生活幸福美满，而且两年后她怀孕了。

瑞秋一直盼望着拥有一个完整美满的家庭，这下总算如愿以偿了。然而，随着妊娠月份越来越大，约翰却对她越来越疏远。瑞秋因为怀孕患上了焦虑症，经常寻求约翰的安慰，而他从未耐心倾听，只说自己每天很忙需要加班，敷衍她说很快孩子就会出生，他们将有一个完美的家庭。她幻想着他能给她按摩按摩肿胀的双脚，一起给孩子挑选名字、准备孩子的房间，然而他却依然故我：对她孕期中的种种不适毫无同理心，对她怀孕的过程丝毫没有兴趣，反而担心她有了孩子将会对他照顾不周。

孩子出生了——是个漂亮的小男孩。孩子的到来打乱了他们原有的生活节奏。约翰坚持让瑞秋辞职；他本人事业成功，收入不菲。随后他们搬入了一个高档社区，换了更大的房子。随后，瑞秋又生了一个女儿。怀孕和孩子的到来使他们形成了新的生活节奏。很快，瑞秋的生活就只是围着孩子、家务和丈夫转了。约翰即使回家很晚对她也没有什么影响，因为把孩子们哄睡着后，她早已精疲力尽，倒头便能睡着。他在外工作，负责赚钱养家，她留守家里负责抚养孩子。瑞秋最讨厌向他伸手“要钱”（这是她成年后从未做过的事），他经常气愤地质问她，他在外辛苦工作，而她只是在家带孩子过着“悠然自得的生活”，还要钱干什么。离职7年后，她也知道自己曾经的那些工作技能早已过时。

结婚后的9年中，他们的生活方式如婚前一样：约翰总是半夜三更才回家，心里藏着各种秘密，他也从不倾听，几乎从未支持过她。但是，在别人面前，他们却装得恩爱甜蜜。翻阅度假时的照片，他们的脸上洋溢着灿烂的笑容；美好的假日，舒适的日光浴——一幅幸福美满的画面。虽然有各种担忧，虽然孤独寂寞，虽然备受漠视，虽然脱离社会，但瑞秋仍然觉得自己不能抱怨。毕竟，孩子们在最好的学校学习，他们的房子宽敞豪华，在外人眼里，他们的生活幸福美满，无忧无虑。

随着年龄的增长，孩子们的生活越来越规律；她常常半夜醒来发现约翰仍然没有回家。他们之间几乎没有了性生活，她有时会提醒他，别去脱衣舞俱乐部了。他听了，总是一脸不屑。他从不让她碰他的手机和电脑，神神秘秘的还理直气壮，因此两人经常为此吵架。但她依然咬牙坚持着。对她来说，自我怀疑已成了家常便饭。她感觉自己已经从一个曾经果敢自信的公司高管变成了一个惶恐不安的家庭主妇，她的整个世界只有家庭琐事，和孩子们的关系也是剑拔弩张。她依然美丽动人，其他男人被她所吸引时，倒让她感觉有些不适，因为她的丈夫已经很久没有欣赏过她了。

一次体检时，医生发现瑞秋的子宫颈抹片中出现异常，她患上了人乳头瘤病毒。可是除了丈夫，她从来没有和其他任何人发生过性关系，这时她才意识到约翰的问题远不只去脱衣舞俱乐部那么简单。于是她把孩子送到母亲家，等他回家当面质问。他们发生了激烈的争吵，伴随着高声尖叫和相互指责。最后她查了他的电话账单和其他记录，才发现了他的种种恶行。多年来，他有过无数外遇，脱衣舞女郎、鸡尾酒女招待和真人秀明星。他甚至还为情妇在外租了一套公寓。他的消费收据显示，这些年他在脱衣舞俱乐部消费、购买机票、在外度假、支付房租和为女人买礼物花了近10万美元。她请他离开，但没过几个月，他便乞求回家。她的妈妈知道她把他赶了出去，以为她疯了。是个男人都会犯错，再说他真诚地道歉了，难道她真的准备让两个孩子在单亲家庭长大吗？她更加怀疑自己，感觉人人都对，唯独她不对。她最终把自己生病的事和其他的一切告诉了母亲，母亲才恍然大悟。

几个月来，约翰反反复复来给她道歉，然而他这边给她道着歉，那边还与一个在酒吧里遇到的24岁女朋友约会。由于他不断隐瞒财产，使得离婚的过程漫长而艰难。花费了数十万美元律师费后，他们离婚了。在离婚后的几年里，他交往的女友一个比一个年轻［他在脸书（Facebook）上贴满了她们的照片］，他的发型越来越酷，他开的汽车越来越高级。他周末在拉斯维加斯逍遥，但是却不肯支付孩子们的学费和生活费。他的律师十分精明，帮约翰争取到很多财产，致使瑞秋离婚时分到的钱不多。约翰对他的家人说了她许多坏话，因此他的家人也没人支持她。即使这样，瑞秋说她现在一切都想开了，只是不得不处理他和孩子们之间的矛盾。虽然离婚了，但是孩子们依然很爱他。有一次他一连几个星期都没有来看孩子，这让她伤心不已。

可能有人会反问她："难道这一切不在你的意料之中吗？"不幸的是，我们大部分人都是"不经一事，不长一智"——事后才会变聪明——缺乏先见之明。

约翰并不是婚后才开始背叛她、欺骗她、冷落她的，而是从一开始就是这样。他只不过是把自己包装成自信、勤奋、成功之人，目的就是用别人的声音告诉她，与如此成功的男人为伴，她是多么幸运。连她自己的亲生母亲都不例外，不断在她耳边夸赞他。最终她天真地以为她的爱能够改变他，幻想着用爱救赎他。

为了这段婚姻——艰难地维持了10年——瑞秋尘封了自己的内心，始终生活在自我怀疑之中，脱离社会，自暴自弃。当被问及婚姻是否有可能继续坚持下去时，她思考了一会儿只提了一个要求：如果他不去成人俱乐部或许还能继续和他生活，只可惜他连这一点都无法做到。没想到，压倒她的最后一根稻草竟然是约翰参加脱衣舞俱乐部——那些长达10年之久的不尊重、粗鲁、刻薄、忽视和漠视，她竟然都能承受。自己竟然能如此容易地受到他人的生活方式和期望的左右，这一点连她自己也感到震惊。

这是一个坚持留在自恋者身边、饱受伤害之后，最终选择离开的故事。故事中的人物均为虚构人物，融入了多个故事情节，旨在警示那些经历相同的人。

本书是一本指南，指引我们在生活中如果遇到自恋者：若选择留下，应该如何留下；若选择离开，又该如何离开。

瑞秋说："要是我能早点意识到那些危险信号，可能就不会深陷其中；要是我能早点知道自恋者本性难移，或许就能更早抽身而出，及早开始新的生活。假如我当时选择坚持留下来，要是懂得如何处理与自恋者相处的策略，或许就不会像今天这样伤痕累累，不会至今还生活在'自我怀疑'和'自我否定'中。"

我们的经历造就了现在的我们，但是如果有良好的方法将损失和伤害降到最小，我们将积累更多更美好的经历，也有更多的时间投入有意义的事情之中。

你有什么样的经历？

若是遇到自恋者，

你会选择离开，

还是选择留下？

请继续阅读……

SHOULD

I STAY OR

SHOULD

I GO?

# 第 *1* 章

# 生存指南

我们总爱沉迷于童话故事中的美好，穷尽一生寻找通往幸福的魔法大门，幻想着找到那失落已久的世外桃源。

——尤金·奥尼尔[①]

有些事见得多了，就有种想要为之做点什么的冲动。总想畅言几句，分享自己所知。如一位心理学家、一位老师抑或一位见证者那样，为他人尽一己之力。

我亲眼见证了无数人的生活因为自恋者的介入而惨遭破坏，幸福感被击碎，心理健康被摧毁，因此我深感迫切需要一本与自恋者相处的实用生存手册。这本生存手册中没有那些只提希望的建议，没有奢望他人改变的观念，没有要求他人宽宏大量的空话，更没有幻想野兽变王子的童话。准确地说，这本生存手册是基于真实案例的诊断，质朴实际，给予需要的人们真实的期望，并提供合理的解决方法。

我在加州州立大学洛杉矶分校担任心理学教授，教龄 16 年。任教期间，我获得了美国国立卫生研究院连续 10 年的研究资助，以一种特定方法研究人格障碍对健康和疾病的影响。正是由于这项工作，我深入地研究了各种人格障碍的特性，其中包括自恋人格的特性。我们对数百名患者进行了跟踪研究，目睹了这些人格障碍患者对本人及其身边人造成的伤害。简言之，人格障碍有损于健康。我获得心理学执业许可证已有 18 载，在这些年的执业过程中，通过细致观察，我了解到这类疾病所具有的顽固性。一旦患上，便不会轻易改变。我不断发现，有时我们可以暂时改变自恋型人格障碍患者的行为，但这种

① 美国著名剧作家，擅长写悲剧。（译者注）

改变却不会持续太久。最重要的是，我注意到，或许我们能对患者的行为带来细微的改变，但这一点改变对他们人际关系的改善却无济于事。在与形形色色的人交往的过程中，具有自恋人格的人所造成的伤害最大。你或许可以教会一个自恋的人准时出席会议，但你却无法“教会”他产生真正的同理心。

最后，我的职业生涯进入了人类心理学研究历史上最精彩的时段。我作为教授开始研究心理学，那时笔记本电脑还没有问世，智能手机还在遥远的未来，互联网才刚刚起步，电视节目中还有按照剧本表演的演员。在短短的10年时间里，我目睹了从“骄者必败”的文化理念向“拥有就该炫耀”观念的迅速转变。人类的凝聚力急剧减弱，人们逐渐趋向利己主义。“深度”文化被“肤浅”思想所取代，这应该是史上最昂贵的心理交易。我长期从事人格障碍疾病的治疗、人格障碍理论的教学和人格障碍心理的研究，久而久之，这三者便融为一体。从中我学会了对人格障碍进行诊断，掌握了人格障碍的规律，总结出了严谨可靠的解决方案。本书将围绕这些解决方案和观察展开。

当菲茨杰拉德把汤姆和黛西·布坎南①这类人的自恋人格归为粗心大意时，或许是捕捉到了自恋人格最实质的一面：“汤姆和黛西，他们都是粗心大意的人——砸碎了东西，伤害了他人，便开始退缩，躲进了用金钱或者麻木不仁或者不管什么只要能让他们守在一起的东西筑就的堡垒之中，留下一堆烂摊子等着别人收拾……”恰恰自恋之人无一例外都是粗心大意之人。他们把人际关系和身边的人当作物品、工具和傻瓜，肆意挥霍。他们看上去常常显得无情或苛刻。这样说似

① 《了不起的盖茨比》中的主人公，此小说是美国作家弗·司各特·菲茨杰拉德创作的一部以20世纪20年代的纽约市及长岛为背景的中篇小说。

乎有些言过其实。他们其实只是粗心大意，把烂摊子扔给别人来收拾而已。

但是粗心大意本就是一种残酷无情。坦率地说，行为的动机并不重要，重要的是行为的结果。他们行为的结果往往损害了他人的幸福、希望、抱负，甚至是生命。他们以粗心大意为自己开脱，但这不能成为伤害他人的借口。正如阿娜伊斯·宁[①]在日记中所写："爱绝不会自然死亡。爱之所以会死亡是因为我们不懂得为爱充电。爱会因为盲目、错误和背叛而死亡，爱会因为疾病和创伤而死亡，爱会因为疲惫、枯竭和冷漠而死亡。导致爱情死亡的凶手就是爱情中的每一方，他们都应该受到审判。当你受到伤害，悲伤难过时，我急切地冲过去保护你，帮助你，体谅你，而你却以一种不耐烦的姿态转过身去，只撂下一句：'不用你管。'"

本书旨在为绝望中的人们带来些许希望。为人们提供基于现实的解决方案，而不是单纯的理论。本书是一本心理学的初级读本，重点介绍自恋人格。通过阅读本书，你能够判断自己身边是否存在自恋者以及自恋者给你带来的影响。本书以实际案例为本，列出了自恋型人格障碍的各种症状，能够让你对身边的人做出初步诊断。同时本书也说明这类人虽然看起来具有伤害性，并且难以相处，但他们并非都是罪大恶极。我们会爱上他们，和他们一起生活，生儿育女，有时甚至离不开他们。但他们确实会毁了我们。希望这些知识能帮助你善待自己，理智生活。

---

① 世界最著名的女性日记小说家，西班牙舞蹈家，被誉为现代西方女性文学的开创者。（译者注）

## 生存秘诀

本书预设：自恋者禀性难移。我真心希望，这个预设能有助于改变一些人的命运，以期提醒读者在面对自恋者时，能够将注意力从自责、焦虑、自我怀疑、交流受挫、建议失败（前提是对方能够倾听），以及幻想着对方能够改变的无奈中转移出来。与自恋者相处的人都抱着一丝希望："也许以后他会有所改变。"然而，目前还没有证据表明哪一个自恋者改变过。我可以肯定地说——99%的自恋型人格障碍患者是不会改变的。你看到的是什么样就始终是什么样，这也是你必须承受的，所以你要么选择接受，要么选择远离。等着自恋者改变是不现实的。你唯一能做的就是改变自己：了解自己的承受能力，管理自己的期望，并做出相应的决定。这也是本书的主旨所在。

本书细致深入地描述了自恋人格以及心理学中的黑暗三人格①。本书意在帮助你识别自恋者的危险信号和常见行为模式，感受自恋者可能带给你的伤害，便于你做出正确的抉择，经营自己的生活。最重要的是，当你还幻想着自恋者会改变自己时，通过翻阅本书，你就能清醒地看到残酷的事实：自恋者是不会改变的，除非你想像西西弗斯②那样日复一日无效又无望地滚一辈子石头。你或许都没有意识到

---

① 黑暗三人格是指心理学中的马基雅维利主义、精神病态和自恋，他们分别代表着操控性、冷酷无情以及自我为中心。这三种人格特质是社会上非常令人厌烦的三种人格特质。（译者注）

② 希腊神话中的人物，是科林斯的建立者和国王。西西弗斯因触犯了众神而被惩罚，众神要求他把一块巨石推上山顶，但由于巨石太重，每每未上山顶就又滚下山去，前功尽弃，于是他就不断重复、永无止境地做这件事——诸神认为再也没有比进行这种无效无望的劳动更为严厉的惩罚了。西西弗斯的生命就在这样一件无效又无望的劳作当中慢慢消耗殆尽。（译者注）

自己已深陷其中，本书将指引你打破这一恶性循环。

自恋型人格障碍和其他人格障碍不同于那些更具“综合征性”的精神疾病，如重性抑郁症。人格障碍的行为模式主要是围绕一个人对外界世界和内心世界的反应方式。压力越大，这些行为模式也越强大。既然是模式，那就可预测。这些行为模式虽然只出现在自恋者身上，你身上并没有，但会在很大程度上给他们身边的人带来困扰。

## 启发式良方

本书的观点无疑会在我的实践领域和许多读者中引起争议。毕竟，我是一名心理学家，从事的是心理疾病的治疗和改善。虽然我们对许多自恋型人格障碍患者采取了持续的干预措施，但是至今我并没有发现切实有效的作用。我们也取得了一些微不足道的进步，轻描淡写地告诉他们态度应该优雅一点，但是就像我们的蝎子朋友一样，“理解”并不意味着改变。用威廉·詹姆斯[①]的话来说：“没有区别的区别就是没有区别。”

我也不会简单地建议你从自恋者身边离开。如果只是从一个单一的前提出发写一本书，那很容易：既然难以相处，那就离开。但是生活错综复杂，哪有如此简单！有些人不愿意割舍与自恋者的感情，因此如果只有一种单一的解决方案（果断离开！），很可能会让很多深陷其中的人感到更加孤独，没有选择余地。这本书以切合实际的框

① 美国心理学之父，美国本土第一位哲学家和心理学家，也是教育学家、实用主义的倡导者，美国机能主义心理学派创始人之一，亦是美国最早的实验心理学家之一。（译者注）

架，重点阐述与自恋者相处的两种情况。这两种情况也就意味着两种选择——也可能有的人会选择先停留一段时间，随后再选择离开。这两种选择均没有评判标准——你是唯一能够评判哪一种选择更适合自己的人。在知情的情况下，你若选择留在自恋者身边，本书可以成为一本保护自我的工具书。作为一本重要的生存指南，本书首先承认感情具有复杂性和微妙性。自恋者看起来像一匹只会一招的小马驹，行为有一定的固定模式，而我们其他人并非如此。即使是自恋者也并不都是同出一辙。自恋者的行为模式也有多种变体，给我们带来不同的感受。就如何应对自恋者的多种行为模式这一问题，本书提供了切实有效的建议：帮助那些选择留下的人更舒适地与自恋者相处，逐步过渡；对于那些选择离开的人，也能做到以平静安全的方式离开。

作家写作时常会囿于语言中的词汇和语法。为保持整本书的一致性，我在书中用代词“他”指代自恋者（而不是“他们”[①]）。现有关于人格障碍的大多数研究表明，男性患上自恋型人格障碍的情况更为普遍［如《精神障碍诊断与统计手册》（第五版）（DSM-5）］，部分原因可能是社会强化了男孩和男人形成人格障碍的特质（就像社会强化了女孩和女人形成依赖性等特质一样）。不可忽视的是，社会中许多女性也患有自恋型人格障碍，许多读者的生活可能也受到了女性自恋者的影响（本书使用的代词“他”，并非单指男性。[②]不论你的伴侣是男性还是女性自恋者，我希望所有读者都能因本书而受益）。本书中使用“他”这个代词并非只针对男性，但是可能仍会让一些读者心存芥蒂，虽然使用这一代词的原因有些勉强，但我希望我已表明

① 此处直译，后文根据不同的语境，选择使用“他”或“他们”。（译者注）

② 使用“她”的时候，就是单指女性，而不是女性自恋者。（译者注）

了我的初衷。

## 暴力关系

我在设计本书整体框架时，最担心的一个问题是，自恋者的行为模式也是家庭暴力或亲密伴侣暴力（intimate partner violence，IPV）中的常见行为，如控制、冷漠、善变、魅惑和操纵等行为模式也是自恋行为的主要特质。为写本书，我做了大量采访，并引用了诸多临床案例。在采访和案例中，我发现暴力行为和精神虐待（怒吼、霸凌、侮辱）等情况非常普遍。无数夫妻不知经历过多少次人身攻击和相互虐待、相互贬低、乱砸东西、动不动摔门而去的情况。

美国有 1/3 的女性和 1/4 的男性遭遇过家庭暴力，暴力犯罪案中有 21% 是家庭暴力案件。目前家庭暴力仍然威胁着整个美国以及全世界的公共健康。不同于本书探讨的自恋型人格障碍问题，家庭暴力的问题更加严重，直接危及人身安全，涉及法律执行以及孩子安全保护问题。虽然本书中的多个主题都涉及身体暴力行为，但并不意味着本书可以作为处理暴力关系的入门指导和指南。

## 共同依赖

撰写本书时，我的另一个担心是“共同依赖”现象。《牛津心理学词典》中将“共同依赖”定义为“两人或多人之间形成的相互支持或鼓励对方的不健康习惯，尤其是药物依赖的人际关系或伴侣关系”。虽然此术语主要集中在人际关系中的药物滥用方面，但现在可泛指所有坚持和助长他人不良行为的关系。这样，选择留在自恋者身边就可以被视为共同依赖性，因为不离开就表明你认同“你可以这样对我”。

艾伦·拉普波特（Alan Rappoport）是一位美国心理学家，著有关于自恋型人格障碍的书籍，他把与自恋者的感情描述为“自恋共谋”（co-narcissistic）关系。我们将在本书中深入研究他的观点。拉普波特认为，自恋共谋者是自恋者的观众，因为自恋者需要长期站在舞台上受人关注。但是表演者却很少回应观众，只是一味接受观众的赞美，因为他认为观众的赞美是出于对自己出色表演的感谢，因此表演一结束就直接退出舞台。在我们目前的心理学和自助学术语中，像“共同依赖”这样的术语是对一个坚持留在自恋者伴侣身边的人的怀疑和批评。这可能是一种不友好的态度，常常会导致人们对坚持留在自恋者伴侣身边的人感到失望。许多留在自恋者身边维系相互关系的人，是因为他们对自恋缺乏了解。大多数人都天真地坚信他们的自恋者伴侣有朝一日会悔过自新，改变自我。一旦你了解了自恋型人格障碍，掌握了与自恋者相处的策略，你可能就不会像现在这样忍受自恋者的行为了。

## 你可以结束恶性循环

与自恋者的感情实质上是与一个永远不会听你说话也听不到你说话的人建立的感情。当然，你可以像一个机器人一样与自恋者交流，反正自恋者也不会听，也根本不在乎。诚然，我在采访中听过许多类似的故事，我当时就急得皱起眉头，心想：既然你这么痛苦为什么还要选择留下？人们很容易把那些坚持留在自恋者身边饱受虐待的人视为傻瓜、“共同依赖者”甚至“共谋者”而一笔带过。虽然人际关系是一条双向道路，但这并不意味着有些人必须长期忍受不良待遇。我希望这本书不仅能帮助你了解你是如何陷入与自恋者的感情困境的、为什么至今你仍然深陷其中难以自拔，同时将为你提供足够的信息，以便你做出更好的选择，保护自己，结束那个充斥着怀疑、不适和焦虑的恶性循环。

在这个领域里，我受到过专业教育，积累了丰富的经验。本书所涉及的内容可能会冒犯一些人以及领域里的专业人士和自恋者等。我的初衷是帮助更多的人。我坚持传递一条信息：即使你的伴侣是一个病态自恋者，你也可以夺回自己的生活。真希望有些人从一开始就没有陷入与自恋者的感情，也没有反复陷入其中。

SHOULD

I STAY OR

SHOULD

I GO?

第 *2* 章

# 自恋成为新风尚

我们的纳西索斯[①]

永远看不到镜子里的自己

因为他把自己当成了镜子。

——安东尼奥·马查多[②]

最近出了一个新词：自恋。

虽然大多数人都知道这不是一个好词，但是却没有几个人知道这个词的真正含义。就像什么是色情作品，美国最高法院波特·斯图尔特大法官多年前说过“只有看到，我才知道是怎么回事”，自恋也是如此。

自拍。真人秀。社交媒体。你用什么牌子？我优秀吗？你愿意追随我吗？自恋的确堪称世界新秩序。真人秀明星仅对她新接的头发或新买的包就能侃侃而谈 15 分钟。职业运动员兰斯·阿姆斯特朗[③]公然对愤世嫉俗者和怀疑论者说：“我真为你们感到难过。很遗憾你们没有远大的梦想，你们不相信奇迹。”音乐家坎耶·维斯特[④]在《W 杂志》[⑤]上说：“我能写出那首歌是因为我是神……只有这一种原因。”伯尼·麦

---

① 纳西索斯是希腊神话中最俊美的男子人物。有一天纳西索斯在水中发现了自己的影子，然而却不知那就是他本人，爱慕不已，难以自拔，终于有一天他赴水求欢溺水死亡。众神出于同情，让他死后化为水仙花。（译者注）

② 安东尼奥·马查多（1875—1939），20世纪西班牙大诗人，文学流派“九八年一代”的最著名的人物之一，他的作品在西班牙语国家和世界其他各国产生过重大影响。（译者注）

③ 美国职业自行车运动员，在19 年的职业生涯中，他10 次参加环法大赛并实现环法车手七连冠，创造了环法历史上的奇迹。（译者注）

④ 美国说唱男歌手、音乐制作人、商人、服装设计师。（译者注）

⑤ 美国知名的女性时尚杂志。（译者注）

道夫[1]之类的乌合之众，骗走了投资者几十亿美元，过上了穷奢极欲的生活，维系着人们想要相信的浮夸幻想。《名利场》中有一篇关于一个金融家的文章，完美地捕捉到了他的自恋行为：“伯尼并不是你们眼中的好好先生，也不是一个你愿意一起喝啤酒的人。”一位知情人士自告奋勇地说：“整体来说，他就像一个土皇帝。和别人话不投机时，起身就走，总是一副‘我是伯尼·麦道夫，你们算老几’的样子。”如果我们胆敢制作一本画册，汇聚全国知名的自恋者，画册必定长达数千页，里面不乏各界名人、商人、总理、总统、运动员、音乐家、艺术家、制作人，甚至还有你家隔壁邻居、你的老板、你的枕边人。

## 什么是自恋？

《精神障碍诊断与统计手册》（第五版）（DSM-5）将自恋型人格障碍定义为“一种自大自负、渴求万人瞩目同时缺乏同理心的普遍行为模式”。人格障碍的特点是“行为多变，内心脆弱，极度渴望他人的关注和认可，要么目空一切，要么自负自大”。自恋型人格障碍患者的典型症状主要有：幻想无限成功、青春貌美、爱情理想，坚信自己与众不同，自命不凡，善于利用他人，嫉妒心强，傲慢无礼，缺少洞察力，只求建立肤浅的“亲密”关系。

病态自恋的症状更为丰富，远不止DSM标准中所提及的内容。自恋归根结底是一种自我意识障碍。自恋者自大自负、爱慕虚荣并且缺乏自知之明，但是大多数人却将这一切误读为他们自信、聪明和成

① 名载历史的证券诈骗犯，成功骗了成千上万的投资者。（译者注）

功（表面上看可能的确是这样）。然而，当你用指甲刮去包裹在他们身上的那一层外膜时，在闪亮的外衣下，你将看到一个根本无法调控自己情绪、得不到他人认可就难以生存的人。如果得到赞美，世界对他们来说就是美好的；如果受到指责，一切对他们来说就变得暗淡无光。和他们相处就有点像坐过山车。当然，他们也有内心脆弱、感到羞愧的时候，因此他们的性情往往是复杂纠结的。形成自恋的根本原因就是自我意识存在缺陷，表现为自负自大、自命不凡、缺乏同理心和渴求他人认可。但对自恋的“判定”更为广泛复杂，我们将在下一章详细探讨。自恋也被纳入了其他诊断领域，尤其与精神病关联紧密。

自恋在很大程度上又是一种“肤浅”的体现。鉴于整个世界的方方面面都逐渐趋向肤浅——工作、学习、教育甚至是爱情——自恋者的肤浅倾向也不足为怪。自恋者的爱情（他们很容易坠入爱河）往往是一种肤浅的体验，注重的只是兴奋、认可、外貌和成功。即便如此，他们的爱也是真实的。如果说自恋者“没有能力去爱”，那显然是不公正的，也不准确。只是他们的爱是“有形无质”——只是表面的爱，热恋时轰轰烈烈充满诱惑力，一旦开始日常生活便陷入不适和空虚。在爱情方面，自恋者往往是短跑运动员而非马拉松运动员，一开始轰轰烈烈但却难以持久，基本都是肤浅的“一见钟情式”和“轰轰烈烈式”的爱情故事。相信我，过不了多久，你就希望这样的爱情一辈子一次就够了，再也不会期待下一次了。

## 黑暗三人格

黑暗三人格是由不列颠哥伦比亚大学心理学系的戴尔瑞·保卢斯和凯文·威廉姆斯开创并提出的一个心理学术语。2002年，他们在《人格研究杂志》上发表了一篇论文，细致地对黑暗三人格进行了阐释。黑暗三人格包括三个相互重合但又特征各异的性格：马基雅维利主义、精神病态和自恋。马基雅维利主义表现为利用和操纵他人、玩世不恭（尤其是在伦理道德问题上）和欺骗行为（主要在人际关系方面）。简单地说，具有马基雅维利主义人格的人深谙如何利用他人以达到个人目的，而且利用得顺理成章。精神病态是一种病态的自私。这类人格的人违反法律、规则和规范已成为常态，而且从不悔过自新。他们态度和行为冷酷无情。由于缺乏悔过之心和愧疚感，不愿或无力承担责任，因此精神病态患者一般都特别危险。你将了解到，基本不存在“纯粹”的自恋人格，自恋总是与黑暗三人格中的其他两种特质有着千丝万缕的联系，形成一种极具破坏性的人格。

## 自恋始于早期

关于自恋型人格障碍的起源理论丰富而深刻。自恋型人格障碍的形成主要受到两方面影响：早期生活环境和我们的主流文化。早期环境主要是指与父母之间的关系。海因茨·科胡特和奥托·克恩伯格是研究自恋型人格的两位主要理论家，两人虽然都赞同自恋源于亲子关系，但观点又略有不同。科胡特专注于一种称之为“镜映”的体验，也就是孩子在现实中始终需要获得父母认可的体验。父母中的一方或双方未尽应尽的责任（例如，孩子失去父母中的一方或双方抑或父母本身就很自恋，因此他们对自己的孩子缺乏同理心，或受其他因素影响而分身乏术，如药物滥用或其他精神疾病），因此无法给孩子提供始终如一的镜映体验。出现以上情况时，孩子很难形成真实的自我意识，世界观也存有缺陷。孩子们天生就喜欢妄想，他们那些神奇的想法以及对超级英雄的崇拜之情，通过不断的镜映过程，塑造了他们现实中的自我意识。如果缺乏“镜映”这一过程，孩子们童年时期所形成的世界观将不成熟。6 岁的孩子虽然不成熟但是可爱，但是如果 46 岁了还不成熟，就有问题了。

此外，这种镜映体验有助于孩子形成“自我安慰”机制，是孩子正确及独立管理情绪的基本能力。像孩子一样，自恋者坚持自己不切实际的想法，不停地在世界上寻找一面镜子，因此他们仍然需要依赖世界的认可和赞同来增强自尊。此外，自恋者完全不懂如何调控自己的情绪。他们变化无常，易躁易怒，时常把自己的不良情绪投射到他人身上。他们行为恶劣，善于寻求外部方式来麻痹自己的情绪（常见的方式有吸食毒品、酗酒和乱性）。

克恩伯格的观点与科胡特的观点略有不同，但实质相似。他认为，孩子的父母如果缺乏同理心（即父母自恋），孩子们将在今后的一生中情绪冲动，最终他们的外在世界看似丰富充实但内心世界却空虚落寞。他们还会将精力过度地放在父母所看重的方面或技能上（例如外貌仪态、学业成绩、运动能力、拉小提琴）。由于他们从未学过情绪调控这样的技能，因此他们精于包裹自己，沉浸于自己的成就世界，自然而然就会在自身的才华中膨胀，变得自负自大起来。他们一旦体验到了软弱感或脆弱感，就会斩断自己脆弱的那部分（这一过程称为分裂）。

因此，他们的余生都游离在自负自大与空虚落寞之间。近年，精神病专家亚历山大·洛温在一本关于自恋的书中提到，自恋的形成常常与童年时感受的羞愧感和屈辱感相关连——这些感受往往来自于控制欲极强的父母。在孩子的童年时期，父母通过权力控制孩子的一个典型行为就是但凡出错，必严厉斥责。那些长期受到批评或嘲笑的孩子，或者那些来自感情淡漠的家庭（“别哭了，有那么糟糕吗”）的孩子，他们学到的是人际关系中权力最有效、感情最无用（换句话说，他们学会了权力胜于感情的道理）。

最终，这也让孩子学会了如何利用权力影响自己的人际关系。自恋者通常都比较叛逆，特别是在他们十几岁的时候。洛温认为，这可能就是由饱受权力的压制造成的。叛逆可以改变家庭中的权力平衡，孩子逐渐学会使用诸如叛逆、表演甚至顺从的手段来满足自己的需求（因为没有人教导他们如何恰当地表达这些需求）。

## 健康的自恋

我们探讨了形成自恋人格的可能起源，现在有必要了解健康的自恋和病态自恋之间的区别。就“健康的自恋”这一术语而言，人们仍存有异议，一般是指喜欢自我宣扬，偶尔把自己的需要置于他人之上，但是会注意自己的选择对他人带来的影响，能够有礼貌地发表意见并要求他人认可，有自信，进取心强，但不会故意让别人付出代价。这些特征都属于“健康的自恋”范畴。一个人坚持自己的立场，但是能够意识到自己的行为和做法会对他人造成影响，这就是健康的自我宣扬，有时也被称为健康的自恋。（鉴于“自恋”一词所暗含之义，我更愿意称之为健康的自我宣扬。）

只是在多数情况下，自恋者的自负常被人们误解为“自信”。自负和自信是有区别的——而且区别很大。自信是指相信自己的能力、个性、洞察力和判断力。自信是在充满爱和支持的环境中，通过经验验证和不断培养形成的。自信之人，善于解决问题，长于压力管理，懂得自我反省，凡事观察透彻，思维表达清晰，能够掌控自己的缺点和弱点。自信之人具有良好的认同感和价值观，懂得尊重他人，清楚自己的分量，因此从不担心会受到他人及其观点的威胁。

真正自信之人不会产生空虚感，能对自己的情感和自我意识掌控得当，能对他人产生同理心，情真意切。而自恋之人与之恰恰相反。不幸的是，乍看之下，自恋之人也能够清晰地表达自己的观点，高度评价自己，而且往往表面上表现成功（有的富有，有的权贵，有的领导力强），所以人们很容易误以为他们是自信之人。但是，自恋之人的主要特征是——缺乏同理心、傲慢无礼、不尊重他人观点、自命不凡、自负自大——与自信之人的特点格格不入。

本书将帮助你辨析自信之人和自恋之人的区别。如果分不清这两者的区别，当你把自恋者的张扬炫耀、自负自大误认为是自信时，自恋者的影响力早已深入你的人生（和你的生活）了。

当你阅读本书时，可能会发现，在生命中的某些时段或某些时候，自己也有一些“不健康”的自恋特征（对新机遇夸夸其谈，对餐馆服务要求苛刻，爱上自拍，期待人们给你“点赞”）。请谨记，我们每个人都有可能时不时地陷入“糟糕的自恋”模式，但当你的自恋行为超过临界值并可预测时，说明你的自恋行为已越过雷池达到了病态自恋的程度了。

病态自恋的一个关键考量因素是，病态自恋者几乎不会考虑他个人的行为或言论是否会对他人产生影响（除了那些可以被自恋者加以利用的人）。此外，病态自恋者那紊乱的自我意识正是其自恋行为的核心冲突（而健康自恋者则保留了良好的自我感知和认同感）。深入自恋本质的核心后，健康的自我宣扬和自信与病态自恋之间的区别就越发明显。诚然，有时我们的确会把自己的需要和愿望放在别人之前，但我们做之前，通常（理想情况下）都会考虑自己的行为会对他人产生怎样的影响。

## 什么是人格障碍？

人格主要是指我们每个个体独一无二的“反应模式”。作为个体，我们的人格特征就是我们对环境、压力源和日常生活如何反应设定了航向。人格体现了我们内心世界的框架，且因人而异。因此，人格就如同我们的指纹一样——每一个人的人格都是独一无二的。从某种程度上说，虽然人“深不可测”，但是正因为我们有了独特的人格，我们的行为模式也就有了可预测性——我们自己和周围的人都可以对我们的行为进行预测。人格既是与生俱来的，又可以通过我们与环境的相互关系培养而成。部分人格特征是遗传自我们的亲生父母，因此我们的兄弟姐妹和其他亲属中也会显现相似的人格特点（观察自己的家庭，你就会发现这一规律）。与此同时，人格也会受到环境的影响。我们的人格特征相对稳定，因此有的人好相处，而有的人难相处（那些性格开朗、乐观坚韧的人更容易交到朋友，与之相处也是愉悦舒心的），而那些人格具有挑战性的人，正因为有挑战性，可能更具诱惑力。

当一个人出现一系列我们称之为“不良”行为特质或模式并干扰到人际关系、工作、行为和秩序运行时，就说明这个人患上了人格障碍。人格障碍是指一个人的人格表现出极端行为：正常人遵规守矩时，患有人格障碍的人则会寻弊索瑕；正常人与人相处感到害羞腼腆时，患有人格障碍的人则会呆若木鸡。自恋型人格障碍是指一个人无法与他人建立深厚感情，只满足于肤浅的关系，甚至完全缺乏人类必要的素质：同理心。

## 自恋的兴盛

美国国立卫生研究院（National Institutes of Health，NIH）对 3.5 万人进行了一项调查，由史汀生等公布的结果显示，美国人中有 6.2% 的人出现过自恋型人格障碍的症状，20 多岁的年轻人患人格障碍的概率（约占 9%）远高于 65 岁以上的老年人（约占 3%）。这一数据令人担忧，因为陷入爱情、步入婚姻、生儿育女的正是这些年轻人。虽然这项研究是通过大样本对自恋行为进行的研究，随着时间的推移，研究中用于衡量自恋特征的方法和其他问题受到了批评，但综合来看，研究结果确实表明自恋现象不断增加，年轻人患上人格障碍的风险最大。只要打开电视，你就知道这些数据没有撒谎。

2008 年，加州大学圣地亚哥分校教授吉恩·特文格，一位著名的自恋心理研究专家，与其合著者对全美国 1.6 万多名大学生进行了数据分析，发现在 25 年的时间里（从 20 世纪 80 年代初到 2006 年），患有自恋型人格障碍的人数上升了 30%。有趣的是，她发现自恋现象的上升幅度与同一时期人们所观察到的肥胖现象的上升幅度不相上下。（我发现人们并没有把自恋像肥胖症一样视为一种对公共健康的威胁；实际上相比而言，我认为自恋更糟，因为自恋不仅对其本人有害，还会毁灭他人。）

在《自恋大流行》一书中，特文格和坎贝尔通过数字和研究结果对自恋问题进行了精确归纳：自恋是一种流行病，人人都会受到影响。如所有流行病一样，无论你本人是否受到感染，都会受到影响。如果自恋是一场大规模流感——最终，要么你自己感染上流感，要么就要照顾那些感染了流感的人，要么就要承担起那些因为患病而无法工作的人的工作。在一个自恋已经成为流行病的世界里，如果你本身不是自恋之人，那么你可能就会生活在病态自恋者的阴影之下，给你的生活带来负面影响。从特文格统计的数据或者美国国立卫生研究院发布的数据来看，如果世界上真有这么多自恋者，那么从统计学的角度来说，你很有可能会爱上一个自恋者，更何况自恋者在感情方面本身就有赢得异性青睐的优势。本书将详细分析你如何一步步成为自恋者的猎物，为你提供应对自恋者的策略，以及如何从一开始就避免与自恋者建立恋爱关系——或再次建立关系的方法。

现代科技似乎助长了自恋行为的滋生，强化了自恋者寻求认可和受人赞美的心理。各种先进设备、社交媒体和与他人分享生活的愿望，都是长期驱动力，促使人们将自我外包出去，依赖外部世界去做自己本应该做的事情，即调节自我意识。20 多岁的成年人患上自恋型人格障碍的概率远远高于 65 岁以上的成年人。很大程度上这很可能就是年轻人依赖于科技的副产品。四处发布自拍照片和长期寻求认可的文化压力和文化规范，让许多具有自恋行为的年轻人误认为自恋是一种正常现象。这些对认可和赞美的期望会渗透到你的生活中，伴随你一生。如果你一心只盼着聚光灯反复照在你一个人身上，那么就很难富有同理心地倾听他人的心声。如果只有几千人在照片墙（Instagram）社交平台上为你“点赞”或者你的视频网站（YouTube）浏览量远远落后于“明星界”浏览量时，你很容易沦为自负自大的牺牲品。

文化大钟的钟摆已将年轻人远远推向了没有实质的“自我意识”方向。换言之，在还未看到年轻人做出什么斐然成绩时，我们就忙不迭地称赞他“你很棒”，这种做法无益于年轻人的成长。如果仅仅因为参与就能多次获得奖杯，久而久之，他们便认为只需炫耀就能获得奖励，即使没有获得任何成就，自我意识也会因此膨胀起来。这并不是说孩子们必须比别人跑得快或者取得好成绩才能“赢得”他人的尊重，但确实需要明确一点，那就是若要获得奖励首先需要取得成绩，同时他们也需要感受和经历一定程度的失败。无论是受到了伤害、感到了悲伤，还是仅仅因为得了第二名，只要经历了失败，孩子就要学会舔舐伤口，感受情绪变化，不至于稍有不适就惊慌失措，并对自己和生活充满希望。对孩子说一句“你很棒”很容易；而关注他们，帮助他们学习发挥自己的长处、弥补自己的弱点，真正认可他们的成长，这才具有挑战性。钟摆偏离了方向，但是我们却矫枉过正：从孩子不遵规守矩便用戒尺教训的残酷时代，一下跳跃到了无论好坏每个孩子都有奖杯的理想时代。每个孩子都应该得到父母无条件的爱、支持和鼓励，但这并非意味着他每次走进房间时，我们就必须起立鼓掌。现代科技、教育和育儿方式的转变都有可能导致病态自恋现象的稳步上升。

总的来说，在自恋的镜厅中，我们的内心世界远不如那些描述我们生活的数字美颜照片重要。如果我们认为美颜照片比真实面容更重要，那就说明我们的人格有问题了。

## 我们的文化助长了自恋的滋生

像______（从比弗利山庄、橘子郡、亚特兰大、华盛顿、新泽西、纽约中选择一个地区）《贵妇的真实生活》系列[①]中的那群叽叽喳喳的贵妇、卡戴珊家族[②]肤浅滑稽的表演，以及在化妆改造/创业/烹饪/跳舞/唱歌比赛节目上的装腔作势和东拉西扯，已经成为整整一代人的叙事主流和追捧的生活。完全不顾及他人地宣泄情绪，肆意谩骂，人们对这些已司空见惯。我们一边高声痛斥霸凌者，一边却又为他们提供伤害他人的平台，激发他们的霸凌行为。每天花费数小时，甚至是毕生的时间分享自己的照片，只为获得别人的关注，这种现象已经成为一种时代文化精神，将追求赞美和虚荣的心理上升到了至高无上的地位。你的品行好不好无所谓，只要长得好看就能获得赞誉。对他人的同理心如同古老的录像机一般过时淘汰了。

此外，自恋有益于获得财富。病态自恋者通常在追求地位、权力和财富的路上都是单枪匹马的。因为他们自命不凡，不具同理心的特质，他们在资本主义社会狗咬狗的风气中，行事相对更加容易。华尔街那些薪资百万、在汉普顿住着豪宅公寓的富豪商贾们，能有几个是通过同理心和相互尊重获得财富的？谁铁面无情，谁才能成为竞争中的赢家。但当这些人离开办公室回到家时，铁面无情的特质是不会消

---

① 美国的一档真人秀节目。（译者注）

② 纽约知名的名媛家族。卡戴珊家族在美国体育圈和娱乐圈享有很高的声望和地位，被称为娱乐界的肯尼迪家族。（译者注）

失的。共同竞争的经济环境理应培养相互合作、相互配合的精神，但是只要“赢了才是王道”的观念占据主导地位，就很难形成合作精神。不过大量的文献表明，合作和同理心有助于形成一种出色且可持续的商业模式（可惜的是，自恋者手里没有这份备忘录）。

自恋造就了一种幻觉文化。幻觉文化远不只体现在晚宴上的自吹自擂，也不是低级乏味的电视节目，或者在社交媒体上过度记录和分享自己的生活。我们所陷入的幻觉文化，是自大自负之人的幻觉，是一个几乎没有或根本没有独处能力的市民的幻觉。他们不可能静心独处，即使表面上看着是孤身一人，繁杂的社交媒体也不会让他们感受到丝毫的孤独感。“不”这个词已经过时了。人们活着就是为了受人关注，有时为了让自己的“伪生活”能在社交媒体上爆红，甚至不惜制造“假生活”。

我们视金钱为圣物，视物质为一切；轻而易举可得的信贷使人们对享富贵、开豪车、穿名牌的幻想成为可能，但随后却会让自己陷入可怕的财政危机。我们一味只顾维系面子，却忘记了要维系面子的初衷。我们常怀有一种信念，即这些“奢侈品”是我们“应得的”，再加上各种媒体不断向我们展现这些奢侈品的图片，于是我们产生了一种错觉，认为这些奢侈品是我们生活中所必需的，也是有用的。慢慢地，信念就变成了现实。只要利器在手，便万事大吉。

在美国的文化中，人们对年轻美丽的追求已到了不可救药的程度。减肥行业成了一棵摇钱树，已产生 200 亿美元的价值。医美行业创造了 120 亿美元的价值；整容行业不仅产生了 620 亿美元的价值，来让我们永葆年轻，不生皱纹。但结果呢？超过 90% 的女性都对自己的身材不满意，随着视觉文化日益强盛，力求“完美”的压力越来越大。

法国后现代著名哲学家笛卡尔的那句至理名言（我思，故我在）可以改成“我瘦，故我在”。

媒体民主化也就意味着任何有手机的人都有可能成为名人。我们以井蛙之见培养孩子的自尊，确保人人有奖杯；大学和教育机构成了炫耀的“品牌”而不是学习的场所；人们以标准化测试和评估智慧，夸大分数之风，任其猖狂肆虐。曾经紧密团结的团队已被关注者和点赞的人取代。我们的经济、我们的身体、我们的健康、我们的孩子，甚至我们的心理都出现了大问题。

整个人类世界不再友善。肆意侮辱他人、匿名在电脑上敲下刻薄的字眼、社交孤立，只关注“我”而不是“我们”等行为主导着我们的生活。就像自恋者一样，我们只知我行我素，无视自己的行为，言语尖酸刻薄，这都成了当今的普遍现象。现在看来，人们不再与人建立相互融洽的关系，而是建立起了针锋相对的关系。当我们的文化充斥着自恋行为，人人都成为自恋之人时，我们是要付出代价的，而且是惨重的代价。

《单身汉》《单身女郎》① 和《为百万富翁做媒》② 等婚恋和相亲节目，展现出的还只是“空洞”亲密关系的冰山一角。诸如 Tinder 之类的手机交友软件，只需在智能手机上简单地“右击”一下，就可以开始一段感情，紧随这类技术创造之后的勾搭文化使人们快速形成亲密关系，切断深层交谈和逐渐熟知的过程。长此以往，我们从人类最重要、最健康的经历之中切断了相互的联系，清空了相互之间的尊重和同情之心，转而盲目追求品牌效应，沉溺于各种表演作秀，装腔作势。

① 美国收视率极高的两档真人秀节目。（译者注）

② 美国一档真人秀节目。（译者注）

在这场自恋大流行病中，社会文化转变为自恋文化，人际关系遭受到了沉重打击。

## 唐·德雷柏[①]：流行文化中的自恋者典型

有时，最简单的参照系就是人们共享的标准，例如电影或电视中的一个角色。从心理学的角度来看，我认为《广告狂人》可能是有史以来最精彩的电视节目之一——因为这部电视剧塑造了一位超群绝伦的自恋者。如果你看过这部电视剧，你自然懂我之意；如果你还没有看，那么这部电视剧值得你花点时间认真看一看。剧透警报：唐·德雷柏，英俊潇洒的广告达人，是一个典型的自恋者。

简言之，唐·德雷柏不是什么好人。未加了解之前，我们对他的第一印象是：一位成功的广告达人，一位负责任的丈夫，一位称职的父亲，在郊区拥有一座漂亮的住房。这也是一个普通人的写照。然而不到一周，我们便认清，他其实是一个骗子、一个背叛者，时常迫使妻子、孩子、同事、情人和身边人陷入困境，有时还造成悲惨后果。虽然他也有一些不愉快的经历，也遭受过一些创伤，但这不能成为他随意伤害他人、为人冷酷无情的借口。他永远都是以一种修正主义者的姿态，不断编辑自己的生活和身份，把自己的快乐和成功置于一切之上，放纵地过着自己的生活，几乎不会顾及后果，除非这些行为给他自己带来不便。大多数人最终都选择从他的生活中离开，但他对他们的心灵世界已经造成了巨大伤害。他的灵魂只有黑暗的一面，所有

① 美国电视剧《广告狂人》中的主要角色。（译者注）

自恋者都是如此。他基本无法控制自己的情绪，酒精、香烟和女人是他管理情绪和维系自我意识的方式。他感觉自己在世间如一个行走的骗子，于是只得用这些肤浅的方法来压制这种感觉。

有趣的是，多年来我们大多数人还一直关注着他，期待着他有朝一日能够改变自我。我们本以为他能够自我救赎，成为忠实的丈夫、称职的父亲、诚实的人。然而一周周过去了，一切依然如故，这部电视剧提醒我们，我们总是情不自禁被自恋者的脆弱、魅力和人性所吸引和左右。

唐·德雷柏是一个典型的例子，自恋的家伙们有时候真的很可爱，导致我们放松了警惕。他会时不时地闪现各种火花——关爱、关心、热情——然而最终，这些都将转瞬即逝。他的行为中更为持续的是他的不诚实、自私、不忠、缺乏同情心、马基雅维利主义、野心，有时甚至是彻头彻尾的残忍。但与此同时，他的人格中又蕴含着魔鬼般的性感、魅力、智慧和领导力。有趣的是，明明他就是一个虚构的人物，他是好是坏、冷漠还是热情对我们的生活没有丝毫影响，但我们仍会关心他是否能够得到救赎。

最后一集是为那些研究自恋的人编写的。编剧和制片人给出了一个精彩的结尾。唐·德雷柏最后的结局，也是人们预料之中的：孤老一生。最后那一刻，他看似终于有了一点“同理心”，拥抱了一个众叛亲离的人，这其实也是典型的自恋反应。唐·德雷柏第一次给了别人真情的安慰，但仅仅是因为那个人和德雷柏同病相怜（并不是因为德雷柏突然变得温暖有情义了）。最后，在这个本是思想升华的时刻、一个难得的专注时刻，他反而来了灵感，在大脑中策划了一个广告，将自己的广告事业推向高峰。是的，就连这意义深远的时刻，也在自恋者手中变得肤浅庸俗。

唐·德雷柏将我们的思想玩弄于股掌之间，因为有时他的确会善心大发，而且在许多情况下所做的事也是无可厚非的。因此具有自恋型人格障碍的人总让人感到困惑——他们要是每时每刻展现出的都是残忍的一面，一切也就容易多了，但事实并非如此简单。他们偶尔显现出来的善良和关爱的一面戏弄了我们的大脑，让我们误认为他们还有被救赎的可能性。美好的时光让我们沉浸于与自恋者的游戏中，痛苦的时刻让我们怀疑自己的人生。与自恋者相处，救赎之心和失望之感之间如过山车一般无限循环。

美国的神话、电影和电视中都充斥着各种超凡脱俗的自恋者，并且塑造了诸多伟大的男（女）主角：汤姆·布坎南①、戈登·盖柯②、李尔王③、浮士德④、奥兹巫师⑤、约翰·威洛比⑥、米兰达·普里斯利⑦、道林·格雷⑧，你看了就会明白。这些人在电影中看着很有趣，但要在现实生活中和他们一起生活就另当别论了。

现在回想一下，那些电视剧、电影、书籍或戏剧中的每一个自恋角色，我们总认为他们会改变自我，我们甚至会反复观看这些电影，

① 菲茨·杰拉德的小说《了不起的盖茨比》中的一个反面人物，是金钱主导下的拥有世袭财富的旧世界力量的代表。（译者注）

② 电影《华尔街》中的主角，融合了“华尔街”所有光辉的崇高形象，矗立于踏入金融界的碌碌民众内心的最深处。（译者注）

③ 威廉·莎士比亚四大悲剧之一《李尔王》中的主角。（译者注）

④ 德国作家歌德创作的一部长达12111 行的诗剧《浮士德》中的主角。（译者注）

⑤ 米高梅公司出品的一部童话故事片《绿野仙踪》中的一个角色。（译者注）

⑥ 英国女作家简·奥斯汀创作的长篇小说《理智与情感》中的一个角色。（译者注）

⑦ 电影《穿普拉达的女王》中的一个角色。（译者注）

⑧ 英国作家奥斯卡·王尔德创作的《道林·格雷的画像》中的一个角色。（译者注）

渴求找到他们得到救赎的那一刻（就好像结局真的会改变似的）。现在再来看看那些切切实实生活在我们身边的自恋达到病态程度的人们。我们不是每周，而是每天，甚至每时每刻都期盼（并希望）他们能够改变。他们一边做着大量令人鄙视、冷酷无情、背信弃义和匪夷所思的事，一边又不断向我们闪现“希望”和幻想，所以我们始终坚信他们最终会发生改变，至少希望生活能更加顺利。他们将我们伤害得体无完肤后，转而又当起了我们的救世主，燃起了我们对他们的“希望”。

只可惜“希望”永远没有变成现实。他们向我们扔出的绳子，刚够我们自缢，刚够我们抓着徘徊，刚够我们勉强坚持。我们想要弥补损失，何曾想损失得更多。我们大部分人都学过通过信仰、圣诞贺卡和新时代规则的力量，懂得原谅和救赎。我们总是一忍再忍，直到忍无可忍。

如唐·德雷柏一样，自恋之人从不会改变，永远不会改变。哪怕到了忍无可忍时，我们仍对他们抱着一丝希望。大多数人总是一次又一次地回到他们身边。为什么？

事实不置可否。自恋已是事实，只会增不会减。我们的世界中存在太多激励自恋的因素：社交媒体，真人秀，作为成功晴雨表的财富，以及“走红”的可能性。根据定义，自恋和自恋型人格障碍都表现为缺乏同理心、自命不凡、自负自大、肤浅庸俗、长期渴求他人的认可和赞美，以及其他行为模式，如撒谎、欺骗、嫉妒、偏执、控制欲和利用他人。自恋者也相当有魅力，他们聪明、健谈、气宇轩昂、精于表演。对他们而言，相互关系是肤浅的，亲密关系是一种负担，因此你能想象，这样的特质对于长期关系来说不是什么好兆头。下一章中，我们将探讨自恋者最常见的一些特征，你与自恋者关系中的一些危险信号，以及自恋者的不同类型及其相应的行为模式。

SHOULD I STAY OR SHOULD I GO?

第 3 章

# 你的伴侣是自恋者吗？

有时人们形容人如“野兽般”残忍，这样的比喻对野兽来说是极其不公正的，也是极其无礼的，因为没有哪种动物比人更残忍、更狡诈、更精明。

——陀思妥耶夫斯基[①]

本书不是一本临床诊断手册，而是一本生存指南。对于从未谋过面的人，谁也不敢轻言诊断。你所能做的就是反思自恋之人带给你的感受，观察他们的行为模式，而本书就可以作为理解分析这些行为模式的实用蓝图。人们常常感受到患有自恋型人格障碍或病态自恋的人通常都是“刻薄”或“难相处”之人，却精于伪装自己——如俗话中所说的“披着羊皮的狼”。

上一章概述了自恋的起源和自恋的发展过程。我们已知患有自恋型人格障碍的人数日渐增多，因此你与自恋者陷入爱情的可能性越来越大。那么，你该如何区分一个单纯只是有魅力，但稍有点自我陶醉的人和一个善于利用他人、具有控制欲、完全缺乏同情心的自恋之人呢？你如何确定你所爱的人是不是自恋者呢？本章是这本书中篇幅最长的一章——或许也是最重要的一章——因为本章列举了自恋者最常见的性格特质以及在感情初期你应该警惕的危险信号。通过阅读本章，你能判断出自己的伴侣是否是一个自恋者，以及今后开始新的恋情时，应注意哪些方面才能避免再次与自恋者建立感情。

① 全名费奥多尔·米哈伊洛维奇·陀思妥耶夫斯基，俄国作家。著有《穷人》《罪与罚》等。（译者注）

## 测试：你的伴侣是自恋之人吗?

### 请用“是”或“否”回答下面的问题?

1. 你的伴侣对你的感受或他人的感受是否表现得冷漠无情？是否难以理解他人的感受?
2. 你的伴侣在谈论他的生活、成就和工作时，是否夸大其词，喜欢自吹自擂（例如，他说人人都羡慕他的工作；他所拥有的一切均无人能比）？你的伴侣是否傲慢自大，自以为超群绝伦?
3. 你的伴侣是否认为这个世界唯他独尊，因此各个方面都应享受优待(如,得到同事、服务人员、朋友,总之生活中方方面面的优待)?得不到期望的优待时，他会生气吗?
4. 你的伴侣是否会不顾及他人的感受，利用他人和环境来满足自己的需要?
5. 你的伴侣是否易怒易躁——时常小题大做?
6. 你的伴侣是否经常认为人们接近他的目的是利用他?
7. 你的伴侣是否经常对他人吹毛求疵，但却容不得一点逆耳之言?
8. 对于你结交的朋友、建立的人际关系、取得的成功和获得的机会，你的伴侣是否时常心生嫉妒?
9. 你的伴侣做了不端之事后，是否毫无愧疚之意，甚至根本意识不到自己做了坏事?
10. 你的伴侣是否需要他人不断地赞美和认可，比如赞誉、奖励和荣耀，是否会为寻求这一切而不遗余力（例如，在社交媒体上不断炫耀自己的成就）?
11. 你的伴侣是否经常撒谎，回避重要细节，信口雌黄?
12. 你的伴侣是否精于表演？无论做什么都会哗众取宠，如举办的聚会、开的车、去过的地方以及生活的方式?
13. 你的伴侣是否经常把自己的情绪投射到你身上（例如，他对你大喊大叫却指责你小肚鸡肠，或者自己生活混乱却指责你不忠不诚）?
14. 你的伴侣是否贪得无厌，唯利是图？是否贪财贪利，不择手段?
15. 你的伴侣否冷漠无情，麻木不仁？他是否会在你情绪激动时，对你漠不关心?

16. 你的伴侣是否经常对你疑神疑鬼，缺乏信任，以至于你真觉得是自己“疯了”？
17. 你的伴侣是否很少陪伴你，舍不得为你花钱？是否只有在对他有利的情况下，才会表现出慷慨大方？
18. 你的伴侣是否时常推卸责任，一有问题就归罪于他人？你的伴侣是否遇事只知道为自己辩护而不敢承担责任？
19. 你的伴侣是否爱慕虚荣，只注重自己的外表（例如，自己的形象、衣着、配饰）？
20. 你的伴侣是否有强烈的控制欲？是否总想控制你的一切？他对生活秩序、周围环境和日程安排的需求是否近乎顽固偏执？
21. 你伴侣的情绪、行为和生活方式是否鬼神莫测且自相矛盾？你是否对未来经常感到迷茫和不知所措？
22. 你的伴侣是否为了达到个人目的，经常利用你和他人？为满足个人需要，他是否会不择手段利用你或他人的关系或时间而无视他人是否方便？
23. 你的伴侣是否乐于看到别人的失败？是否会因他人，特别是比他强的人，生活、事业遭遇不顺而幸灾乐祸？
24. 你的伴侣是否害怕独处？
25. 与他人交往时，你的伴侣是否缺乏界限意识？与朋友和同事的关系超越界限时，即使得知你对此感到不悦，是否依然我行我素？
26. 你的伴侣是否有过身体或精神出轨的情况？
27. 你说话的时候，你的伴侣是否表现得爱搭不理的样子？你和他说话时，他是否总是哈欠连天，盯着手机，查看文件或做其他事？
28. 当遇到压力或遭遇不顺时，你的伴侣是否变得异常脆弱或敏感？面对巨大压力时，他是否无力应对，并且脆弱不堪？
29. 你的伴侣是否经常忽视或根本不注重基本的沟通礼仪和礼貌（例如，故意迟到，说话带刺，粗心大意，无视他人感受）？
30. 你的伴侣是否经常通过光鲜的外表和迷人的魅力吸引别人的注意？是否擅长调情，经常与他人打情骂俏，通过社交媒体或短信与他人开一些媚俗的玩笑？

如果你有 15 个及以上问题的答案为“是”，说明你的伴侣很可能就是一个病态自恋者。如果有 20 个及以上问题的答案为“是”，那么基本可以肯定你的伴侣就是一个病态自恋者。当然，自恋者的这些问题各不相同，有些问题可能让你尤感痛苦。例如，你的答案中可能只有几个“是”，例如第 26 题，因为你的伴侣背叛过你。诚然，并非凡背叛者必是自恋者，但仅是这一种行为，就足以让你对你的伴侣永远失去信任（然而，对于伴侣不忠的人来说，背叛一定不是测试中唯一的“是”）。用这些问题诊断病态自恋时，有些问题所占的比重更大。主要有：第 1 题，自大自负问题；第 2 题，自命不凡问题；第 4 题，缺乏同理心问题；第 10 题，渴望认可和赞美问题；第 13 题，外向投射问题；第 18 题，逃避责任问题。这些问题的特点构成了自恋的核心，是造就自恋者肤浅人际关系的动因，也是他们无法形成深入且相互信任的亲密关系的根源。如果你的伴侣具备这些关键问题特征，那么应该也存在测试中涉及的其他问题。以上这些问题，没有哪个人的答案全是“否”——我们所有人都或多或少地存在其中一些问题——有可能，你的伴侣是一个甜蜜有同理心的人，但是碰巧他也喜欢将汽车或衣柜收拾得一尘不染。一片雪花不足以引发暴风雪，一个“是”不足以判定一个自恋之人。然而，肯定的答案越多，你和伴侣的感情就越具挑战性。

## 自恋者问题清单

我们将上述自恋者的问题特点进行了细化，以便更好地了解自恋者。根据自恋型人格障碍诊断标准、自恋理论著作和现有自恋量表，我们总结得出自恋特质“集锦”。该清单之后是对这些指标的综合描述，其来源于临床观察、自恋型人格障碍相关理论和已有知识。再次重申，本书不是诊断手册——本章旨在帮助你识别与自恋者相处过程中可能遇到的各种特质和行为模式。一旦确定他存在这些特质和行为模式，那么下一步就要学习如何应对这类行为模式和具有这些特质的人。

如果你生活中的那个人存在清单中 15 种及以上情况，那么那个人很有可能就是一个自恋者（甚至可能是一个自恋型人格障碍患者）。他符合的特质越多，和这样的人维系健康持久的关系就越具挑战性。清单中涉及的特质与你前面所回答的问题息息相关，但更能迅速引起你的关注，以更具体的方式理解这些问题。

请注意：是人都会犯错，每个人都做过一些心怀愧疚之事。当你拿着这份清单检验你的伴侣或身边其他人时，要注意清单中所涉及的行为是否已“模式化”或典型化。我们中的许多人也会偶有自命不凡或善妒善嫉的情况，这属正常；但是这类情况如果呈现出持续性，那就有问题了。因为如果这些行为发生得过于频繁，便可以称之为行为模式。有时我们可能会适应清单中的某些行为模式。仔细查看清单中的内容，勾选出那些经常出现的行为模式，再继续向下阅读，熟悉每个行为的特征。阅读完对所有特质的描述之后，你可能需要重新查看列表并修改一些答案。不管怎样，首先，请勾选出最相关的选项（这些选项也与前面的测试相关）。

□ 缺乏同理心

□ 自大自负

□ 自命不凡

□ 操控他人

□ 易怒易躁

□ 疑神疑鬼

□ 极度敏感

□ 善妒善嫉

□ 缺乏愧疚感 / 缺乏自知之明

□ 渴求认可和赞美

□ 撒谎成性

□ 哗众取宠

□ 外向投射

□ 贪得无厌

□ 冷漠无情

□ 认知否定[①]（扭曲事实，好像“神经错乱”的那个人是你）

□ 吝啬小气

□ 逃避责任

□ 爱慕虚荣

□ 控制欲强

□ 难以预测

□ 频繁利用他人（或你）

□ 幸灾乐祸（落井下石）

□ 害怕独处

□ 界限不明

□ 不忠不诚

□ 不擅倾听

□ 脆弱不堪

---

① 也称煤气灯效应。（译者注）

□ 粗心大意

□ 迷人魅惑

如此之多的行为特质堆在一起，确实让人感到难以应对。时间久了，这些行为模式很有可能接连出现，而且有些是相互依赖的。现在我们将更具体地分解这些特质，以便更好地理解。我们将详细描述每一个特质，因为有的特质可能出现多种形式。此外，我们将详述每种行为的危险信号，帮助你尽早辨识这些行为模式，在未来的生活中设法避免。

## ○ 缺乏同理心

她勉强能够维持生计，而他却对她的现状置若罔闻。在外人眼里，他们之间的关系只不过是“权宜关系”而已。他明知她在经济上已经捉襟见肘，却很少主动出钱帮助她，也不愿与她共度时光，因为这样他就不用为她的吃喝付钱了（然而，他对想要攀附的同事和利益方却异常慷慨大方）。他也会为别人花钱，但前提是别人对他的事业或追求有利。他总是很晚回家，而且一般都是在她吃完饭后才回家，这样他不仅不用给她买晚餐，还能在家享用她做的晚餐。一天晚上，他去她的单位看她，那天她过得特别不顺，正在处理一个雇员偷钱的事。她累得筋疲力尽，而他只是无所事事地坐在她的办公室里等她（尽管她没让他等），以这种方式“支持她”。为了照顾他的面子，她没有要求他离开，而是让他在办公室里等，然后独自去处理手头的事情。他指责她处理事情耽误了时间，还说她对工作的抱怨破坏了他一天的好心情（是他自己要来的）。下班后，他提议出去吃饭。吃饭时，他说：“你浪费了我一天的时间，所以这顿饭就应该由你来埋单。”本就劳累了一天，还背负着其他诸多压力，他竟然在这个时候说出这样的话来。她失望至极，愤然拿出钱包，掏出最后的50美元准备支付晚餐费用。此时的她，多希望他能理解她的难处，抢先付钱。然而，他没有。他靠在椅背上，假意感谢她的款待，还不忘提醒她，有他在她是多么幸运。

缺乏同理心可以说是自恋之人最重要的特征。缺乏同理心之人不会认同或认可他人的经历和感受。通常情况下，自恋之人根本不会关心或理解他人的感受，也不在乎自己的言行对他人产生的影响。他们往往不拘小节，言语尖酸刻薄，无视自己的言行对他人造成的痛苦。只要是他们没有感受到的，就都是不重要的或者无所谓的。要是他们不开心了，就认为所有人都应该和他们一样不开心；如果他们心情愉悦，而你却凄凄哀哀的，就会被扣上破坏心情的帽子（至于你的精神状态如何完全无所谓）。虽然他们从不主动理解他人，但却觊觎别人的理解。从情感方面而言，与他们共同生活永远只是一条单行道。

自恋之人缺乏同理心，他们所呈现的这面镜子，只能看到他们自己而看不到你。他们的行为，会让你感到自己被误解、被孤立，让你备感困惑。与这样的人确立恋爱关系，会让你感到自己如空气一般不存在。对他而言，只有需要用你时，你才有存在的意义。病态自恋者性格问题诸多，缺乏同理心是对一段感情最大的伤害。因为他缺乏同理心，无论你尝试用什么样的方式与他沟通都是徒劳之举，只会让你备受挫折。沟通不仅是建立在相互倾听的基础之上，更需要彼此的关心关爱。

自恋之人总是想当然地以己之心度人之腹，对自己的事情或经历不是喋喋不休就是长篇大论，从不考虑是否占用他人时间，更不屑询问对方的感受。有趣的是，他们畅谈完自己关切的问题之后，当其他人分享问题时，他们就表现出极不耐烦的样子，睥睨一切。具体表现为：你能够耐心地听他们讲完他们的问题，并由衷地提出有用的反馈，表达自己的同情。但当你开始分享你的故事时，他们却哈欠连天，一会查看手机，一会收拾东西，东张西望，就是不理你。

**危险信号：缺乏同理心**

缺乏同理心最初最明显的表现就是打哈欠，以及其他所有能表明你说话时他心不在焉的行为：查看手机，在你说话的时候东张西望而不是看着你，或者在你说话的时候打哈欠。人们很容易将他们的这些反应理解为疲劳、分心或忙碌所致。可这些借口根本站不住脚。如果从你们交往之初他就不懂得倾听，那他就永远不会倾听。注意观察他倾听的方式，这通常是早期评估他是否具有同理心最有用的工具之一。没有同理心，你的感情便如空中楼阁，缺乏坚实的基础。

## ◦ 自大自负

我爸爸无人不识，我们家在我们生活的城市可算是王室。我的新老板开宾利，住豪华别墅。他说我聪明能干，十分欣赏我的想法。这家伙在拉斯维加斯、纽约、圣地亚哥、波士顿和迈阿密都有自己的俱乐部——凭我和他的关系，半年内他就会让我来管理这些俱乐部。我可以接受从底层服务员做起，但我不打算一直留在那里。我打算给他们提个建议，让商界的顶级名人来做这个活动的头条新闻。我的老板是通过他哥哥认识我爸爸的，所以他肯定会让我把这件事做成。我是我们公司头脑最灵活最聪明的人。这次活动结束后，我的同事定会对我刮目相看，以后全国各地的项目都会交给我负责。谁让我见多识广呢！

自大自负是指一种倾向于夸大自己的成就、才能、人际关系和社会经验的行为模式。莫须有的事情也能让自大自负的人说得和真的一样；他们生活在超现实的世界中，幻想着美好的一切。即使功未成名未就，他们也能描绘得有声有色。例如："我认识一个人，他有个朋友是搞风险投资的亿万富翁，他要投资哪个项目我一清二楚。"他们言辞夸张，自吹自擂自己去过的地方、做过的事、认识的人。见过一个"名人"，就能编出上千个传奇故事。

自大自负的另一体现便是妄自尊大——坚信自己比任何人更尊贵、更重要，你也不例外。与自大自负之人在一起所面临的主要挑战是：即使他们什么都没做，也期望得到他人的赞扬和奉承；总的来说，他们即使一事无成、空有幻想，也要得到他人的认可（还是广泛的认可）。成功未至，他们已信心十足，并提前活在了成功的"现实"中。

如果他们真的在某种程度上取得了成功——升了官，发了财，出了名，那他们的这种自大自负也是永远不会改变的，他们会反复夸耀自己辉煌的成就、巨额的财富和非凡的经历。去他们家里做客，听他们炫耀，感觉就像是看了一场冗长无聊的表演秀。

当然，第一次与他们接触，听他们讲故事可能会比较有趣。他们是梦想家，思维灵活，见多"识"广，梦想远大，常常异想天开。他们想要的伴侣、朋友和同事都必须才貌双全，或赫赫有名，或腰缠万贯，否则难以维系他们对生活的幻想。但是时间久了，你就会心生反感，因为他口中的投资者基本不会出现，承诺的项目很难启动，介绍的书籍很少上市，他声称的"绝妙之事"基本不会发生。"建立在幻想中的幻想"在某种程度上终究要被现实生活所取代，而病态自恋者往往难以接受这种转变。

但这并没有将他们吓退，他们一如既往地高谈阔论着自己那些自负的幻想。幻想得不到实现，他们也会灰心沮丧，特别是当现实与其宏伟幻想脱节时，自恋者通常会愤怒、沮丧、闷闷不乐，朝他人发泄不满。他们迁怒于这个世界，责怪这个世界没有兑现他们在大脑中对自己做出的重大承诺。

自负之人总是过度认同名人、富人或其他知名人士的影响力。他们认为“重要的”关系比真实的关系更牢靠（仅仅是在酒吧有过一面之缘的名人或“有名”之人，在他们眼里就成了熟人，成为与人炫耀的谈资）。自恋之人自负地认为只有位高权重的人才能理解他们，与他们建立关系才能体现自己的“重要性”。此外，自大自负之人不仅善于高估自己的价值，同时还会低估他人的价值，常常贬低大多数普通人（尤其是他们的伴侣）所做的贡献或取得的成就。对于新交的“有地位的”朋友，他们会紧随其后，阿谀奉承，却对多年来一直支持他的朋友和家人们视而不见。

他们的思想中时刻都充斥着异想天开般的幻想和不切实际的标准。他们在自己梦想的世界里生活、呼吸，那个世界里的他们功成名就、富贵荣华，享受着豪宅、豪车和奢侈品。自大自负之人可能会因为过度购买昂贵的服装、饰品和其他成人玩具而陷入财务危机。为了成为俱乐部会员，为了请客吃饭、入住豪华酒店以及设法与“地位更高”的人接触，他们会不惜一掷千金。自大自负之人注重外表，会花大量时间打扮装饰自己以达到自己的审美要求，也会将自己对外表的要求强加于伴侣（本来看重的就是伴侣的外表）身上。

自大自负之人极具魅惑力，让你感觉“他比一切都重要”。当一切顺利时，他会给你带来美好的感觉；然而一旦他收起自己的魅惑力

（他会的）时，你会感觉整个世界都变得暗淡无光。

### 危险信号：自大自负

这是一本关于感情的书，说到自大自负和感情时，当自恋者高谈爱情应该是“伟大的”或“理想的”时，这就是一种危险信号。恋爱初期，我们很容易被这种感情冲昏头脑；但童话中的理想主义往往就是现实中的海市蜃楼。当把感情看得“高于一切”时，这种关系往往就变得过于理想化，反而不真实了。没有人能够拥有神话般完美的爱情故事，现实生活中的感情终究充满失望和不满（“伟大的爱情故事”中不会涉及谁买卫生纸这样的事情，我们也很难想象罗密欧和朱丽叶因为洗碗机放哪而争吵的场景）。感情初期，人们很容易相信自己的爱情故事是伟大的，或者你的伴侣说你们拥有的是“伟大的爱情”。当你的伴侣向你抛出这个词的时候，你反倒要小心。在幻想中生活一天或许别有趣味，但爱情是一场漫长的长跑，并不是什么“异想天开”的童话故事，而是“真实的爱情故事”。

## ○ 自命不凡

自命不凡可以用简单的七个字诠释：“你知道我是谁吗？”现在的小报，每天都充斥着这样的新闻：名人或商界大亨家的富二代在酒店、飞机或其他公共场所行为不端，还自命不凡地反问：“你知道我是谁吗？”

能说出这种话的人以及自命不凡的人不只是名流、大亨及其子女。世界上还有许多人，特别是病态自恋者，也喜欢炒作自己。写这本书时，我采访了一位女士，她说她和丈夫初次相遇时，她的丈夫自诩是一个天资卓越的音乐家，不能工作，她和其他人都应该支持他的艺术追求，因为他是一个伟大的艺术家（他已年近55岁，从来没有真正“成功”

过，却仍然在家白吃白住还要别人奉承他）。讽刺的是，他生活中的女人却功成名就。他一生从未工作过，但因为妻子的付出所以有房住，有跑车开，并以此粉饰着他那自命不凡的自我。他对此竟然享受得心安理得，因为他自认为自己理所应当得到这样的特殊待遇。另一位女士讲述了关于她那自恋丈夫的故事，他自己不工作，却让她加班赚钱，这样他们就能到各个城市享受奢华的假期，住豪华酒店套房，并在最好的餐厅点 150 美元一瓶的红酒。

自命不凡之人始终认为自己即使无劳无功也应该享受特殊待遇。自命不凡之人坚信他人都应唯他是尊，无条件满足他的一切要求，无论合理与否。自命不凡的人不会排队等候；总是期待各种各样特殊待遇；坚信最好的都应该属于自己；一旦受到冷遇，便抱怨不止；所有人都应该迎合他们的要求；认为规矩都是给别人定的，不适用于他们。但凡他们的需求得不到满足，便会感到愤怒、沮丧，甚至不知所措。还记得引言中提到的约翰和瑞秋吗？他们在非洲度假时，约翰的表现与之丝毫不差。

我们的文化造就了自命不凡的风气。我们对那些位高权重、腰缠万贯或那些假定有权之人的追捧更是助长了这种风气的滋生蔓延。久而久之，如果一个人习惯于人们为取悦他而对其言听计从，那么他的自命不凡便成了理所当然。因此，并非所有自命不凡的人都是自恋者（我们将在本书后面的章节中探讨“获得性自恋”的概念）。有一些人可能会因为成长过程中所拥有的财富、特权和机遇慢慢朝着自命不凡的方向“爬行”。正因为如此，单凭自命不凡这一个特质，并不能说明某个人就是自恋者（尽管自恋者的确具备这一种令人不快的特质！）。

一个人的自命不凡能够在多种情况和场合中显现出来，但最为明显的情况是当他与服务行业人员（服务员、空姐、酒店职员、销售员、需要排队或等待情况下的服务员）打交道时。自恋之人是通过外界对待自己的方式来衡量自己的，期望得到他人明显可见的特殊待遇，比如头等舱座位、大酒店套房或者贵宾通道，以此来抚慰自己那脆弱的自尊。自恋者的自命不凡常常让自己的伴侣感到尴尬不已，因为自恋者经常在公共场合以极其恶劣的态度对无辜的服务人员肆意侮辱。许多人和我分享了他们的经历，他们总是跟在自恋伴侣的后面，为伴侣的自命不凡而引起的愤怒、伤害、紧张和恐惧向他人道歉。

自恋者的自命不凡不仅仅表现在对服务员或空姐的大喊大叫那么简单，还会损毁那些对你和你的家庭有影响的重要关系。例如，自命不凡的自恋者会想当然地认为，既然他有权享受特殊待遇，那么他的孩子也应该顺理成章地享受特殊待遇。这些人给学校老师和管理者带来无尽的麻烦，即使教师能够以专业人士的身份行事，不会因孩子父母的不良行为责难孩子，但他们的行为仍会给孩子和为孩子服务的教育工作者带来种种挑战。显然，在工作中或其他场合下，只要自恋者期望得到比他人更好的待遇时，就突显出了他们自命不凡的一面。

一个人的自命不凡也会影响到他在家庭或其他社会群体中的地位。对于自恋者而言，无论他人是否方便，都要求他人满足自己的意愿和需求。他们会要求家人们或亲密同事们因为他们的不便而改变计划，因为他们的迟到而等待，或者干脆因为他们而取消计划。有一个案例，一位父亲向来把自己的事业视为家里的重中之重，只要工作有需要，他就会毫不犹豫在临行前取消假期，完全不顾及家人的感受（他也不会让家人出去度假，而是全部留在家里陪他）。简言之，在自命不凡的人的世界里，遵循的是“要么唯我独尊，要么有多远走多远”。

自命不凡之人多为趋炎附势和傲慢无礼之人——嘲笑或鄙视那些“不务正业”的人：不懂穿衣打扮，没有豪车 / 豪宅 / 物质财富，工作不体面，血统不正，居住在普通居民区，等等。一看到那些他们眼中的“凡夫俗子”（大多数人），这些自命不凡的人就会不耐烦、鄙夷不屑，态度冷漠粗鲁。他们的这些态度行为给伴侣带来的是尴尬，给其他人带来的是无地自容。对于孩子而言，父母自命不凡的行为举止，要么让孩子感到羞愧，要么在耳濡目染中也学会自命不凡，最终成长为自命不凡的人，这对孩子来说，何尝不是一种伤害？

**危险信号：自命不凡**

交往初期，注意你的伴侣对待服务人员的态度；这有助于你及早确定你所交往的人是否是一个自恋之人。即使是因为缺乏安全感而表现出的哗众取宠行为，也是一个明确的信号。行为不端，就是有问题，至于原因无关紧要。观察他对待调酒师、职员、代客泊车员、餐厅服务员、门卫、前台职员的态度，如果你发现了他有自命不凡的情况，那很有可能就是他的一种普遍行为模式。对于那些“能为他所用的人”，他可能会表现得过于友好热情（甚至做一些让你感到不齿的事，如与餐馆女招待调情），然而一旦他的热情没有得到他想要的特殊待遇时，态度立即变得冷漠粗鲁。

## ○ 操控他人

在一次采访中，一位女士分享了自己的故事，结婚多年，最后竟然是儿子告诉她父亲有了婚外情，这才结束了这段漫长的婚姻。儿子对父亲的行为感到羞愧无比，通过写纸条的方式，把这件事告诉了母亲。这位女士常年饱受感情上的冷暴力，丈夫出轨是压倒骆驼的最后一根稻草，所以她打电话给丈夫，告诉他她知道了他和情人的事（他当然否认了）。他搬回家全身心陪伴孩子（这时她已离开家）。15年中从未承担过父亲责任的他，开始照顾孩子，为他们做饭，定期给她打电话和发短信。她说她差点回心转意，因为他现在所做的一切——在家做饭、专心照顾孩子——正是她多年来一直期盼的，但一想到他多年来对她的冷遇，再加上出轨这一弥天大谎，她最终没有屈服。想想本书引言中讲述的约翰和瑞秋的故事吧。当瑞秋心生怀疑、踌躇担忧时，他却不断扭曲事实，最后当她表达自己的怀疑（有充分理由的怀疑）时，他竟让她感觉她才是那个“坏人”。

操控他人是自恋者武器库中的一把重要武器——也是马基雅维利主义黑暗三人格的主要部分。自恋者善于扭曲事实，制定规则，志在必得。令人沮丧的是，他们往往最终都能扭转局面，让你妥协，把你折磨得筋疲力竭。我反复在一些故事中发现，自恋者非常善于扭转对自己的不利处境（例如，他们会说“被父亲抛弃后，我的自尊受到了极大影响，所以你应该理解我为什么不能工作”），最终让伴侣稀里糊涂地屈服（例如，为了保护操纵欲极强的自恋伴侣，做两份工作以期能够拯救他）。

在如此精于操控他人的人面前，你会在不知不觉中落入他的陷阱，而且始终稀里糊涂。多年后，当你把生活中的点滴一一连起来后，就能清楚地感受到他对你的种种操纵，但由于我们大多数人生来并非愤世嫉俗之人，也不习惯于时时处处寻找蛛丝马迹，因此我们常常会忽视其间的迹象。自恋者常常是不达目的不罢休，因为他们没有同理心，也根本不在乎别人会为之付出什么代价。他们通过操控他人的手段，以满足自己最基本的需求：别人的关注、认可以及炫耀自己。他们志在必得，无人能挡。你也不例外。

### 危险信号：操控他人

当你感觉到被“愚弄”时，就要引起注意。虽然这样的时刻很难辨识，但感觉就像和骗子打交道一样。交往初期，他一般会先从情感上对你进行操控（“我的童年很不幸，所以请原谅我有时说的气话，那都是无心的”，或者“我承受的压力太大，所以才爆发了——我不是故意的”）以及经济上对你进行操控（花言巧语地让你承担大量经济责任，不知不觉中你为了维系彼此的感情，让伴侣开心而花掉许多钱；或者自恋者破天荒地给你送了一份礼物，此后就会不时地在你耳边提起）。留意这些行为模式，长年累月下来，他的操控行为会变本加厉，把你“逼疯”。

## ○ 易怒易躁

无论是在我的采访中、临床工作中，还是在查阅病态自恋相关文献的过程中，都发现这一特征是自恋者最普遍的行为。几乎无一例外，愤怒是他们必然的行为。在我所听过的所有与自恋者有关的故事中，身体暴力、大喊大叫、扔东西、摔门、恐吓威胁以及离家出走等情况层出不穷。

我们先来了解一下生气和愤怒之间有什么区别。二者之间存在很大不同。生气是人类的一种正常情绪，是对特定情形或个人、对某种情况的内在感受，或是回忆已发生之事时的正常反应。生气是一种适应性反应，旨在保护我们，使我们能够在受到攻击或察觉到自己受到攻击时进行反击。生气是持续的，是对威胁环境的可控反应，而生气的另一个极端则是失控的愤怒。生气，如果表达得当，也是有益的——

有助于我们发泄心中沮丧的情绪，促进相互之间的理解。但自恋者所表达的愤怒式生气就要另当别论了。我们可以用多种方式表达生气，可以用强硬、直接语气表达，也可以用间接的方式，比如挂断电话、怒气冲冲、拂袖而去，或者侮辱和骂人的方式。由于生气是建立在"感知"基础之上的，而自恋者敏感的自尊时时都能"感知"到侮辱和威胁，因此他们经常会"感知"到引发生气的情况。

愤怒则不同，愤怒是魔鬼。愤怒会让人失控，怒火急速上升，咄咄逼人，恶语相加，甚至暴力相对，让旁观者或受害者惶恐不安。虽然生气是对特定情况的正常反应，但愤怒是失控的生气，是对刺激夸大的反应。对于自恋的人来说，愤怒往往是内心沮丧的一种表现。当他们脆弱的自尊心受到威胁时，就会表现出愤怒。自尊受到威胁，让他们更加没有安全感，于是通过攻击他人维护自尊。我们大多数人的自尊没有那么脆弱，生气也是生完就完了；但对自恋者来说，所有的失望都非常有针对性并具有威胁性，会危及他们的内心深处。

愤怒有多种表现形式：除了身体暴力和乱扔东西以外，还表现为歇斯底里的尖叫，具有潜在危险的愤怒方式（中断联系、怒火中烧），愤然出走，摔门而去。他们的愤怒来得太快，让你措手不及，感到害怕。这种失控的情绪往往会打乱感情中的平衡。这种情绪让你感到不适，为了避免触发这种情绪，你不得不小心翼翼，甚至焦虑害怕，生怕戳到他愤怒的神经。病态自恋者会因为愤怒得到两个好处：一是能够快速发泄心中极端的愤怒；二是控制自己生活的世界，因为大多数人对他们往往都会"敬而远之"。人们常说，对待自恋者就要用特定的方式。

## 危险信号：易怒易躁

发现易怒易躁的危险信号，首先不仅要在恋爱初期观察对方是否有不得当的愤怒行为，还要观察那些触发他“愤怒”的明显诱因。从哪里开始观察呢？看他开车时的表现。是不是情绪容易激动？他是不是会随意插到其他车辆前面甚至辱骂那些司机？他是否会不保持车距？——是否还有更糟的行为？其他情况下——对服务员的服务不满意时，给同事或下属打电话或与家人在一起时——是否易躁易怒？恋爱初期，他们可能不会向新伴侣发泄愤怒，因此要观察他在其他情况下的情绪。愤怒是由内而发的，如果一个人易躁易怒，那么他会不分场合地展现出来。一个人不可能对某些人如狮子般暴躁，而对其他人如羔羊般温柔（这纯粹是浪漫幻想），有这种想法的人，往往会因愤怒的矛头没有指向他而对这种行为视而不见。相信我，你早晚会成为他愤怒的目标，只是目前时间未到。

## ○ 疑神疑鬼

这不是那种“锡箔帽”[①]式妄想症或“联邦调查局在监视我”的疑神疑鬼；这是一种偏执式疑神疑鬼，表现为自恋者始终怀疑每个人都心术不正，每个人都想利用他们，每个人都嫉妒他们，也正因为这种疑神疑鬼，致使自恋者与人交往时动不动便言语不和甚至拳脚相向。他们总是在寻找可疑之处，讽刺的是，他们经常被“骗”，因为那些比他们更自大自负的骗子们总喜欢盯着他们（结果更强化了自恋者疑神疑鬼的心理）。一段时间后，人们就会对他们的疑神疑鬼感到厌烦，他们自己也变得难以相处，孤立无援（尤其是当生活不顺的时候）。

---

① “锡箔帽”这个词通常被用来贬损某人提出阴谋论或其他被认为不可信的故事。它似乎是用来形容那些声称目击过不明飞行物或声称曾被外星人绑架的人。有人建议这样的人可以戴一种用锡箔制成的帽子，用来防止外星人截获他的脑波。（译者注）

这一特质再次说明了他们脆弱的本性，他们的世界中只有两类人：崇拜他们的人和试图毁灭他们的人——再无其他。

疑神疑鬼将会，也必然会影响你们之间的感情。自恋之人除了对其他人疑神疑鬼外，对你也不例外。大多数情况下，他们会怀疑你是否忠诚。从指责你不支持他和他的梦想开始，接着是怀疑你行为不轨，指责你给他丢脸了，怀疑你背叛他了。他总是会把各种相关不相关的事联想在一起，最终形成一幅你要迫害他的画面。如果他半天不接电话，那是因为他太忙，但是如果你 15 分钟内不接电话，那就是因为你有外遇或者你故意想让他不快。

### 危险信号：疑神疑鬼

现代化的设备——智能手机或平板电脑——就能“告诉”你，他是否有疑神疑鬼的毛病。

他会过度看护自己的手机，把手机密码保护得比核弹发射密码还要严密。他们会对你要去见谁，去过哪里刨根问底，甚至窥探你的手机或电脑。但是对自己的手机、短信和电子邮件却捂得严严实实。如果他像保护国家机密一样保护自己的手机，却不停地窥视你的手机，那么请注意——这可能就是自恋者疑神疑鬼心理的早期表现。这时你就要问问自己：你真的愿意生活在一个时刻被警察包围的环境中吗？

## ○ 极度敏感

我喜欢和朋友们开一些无伤大雅的玩笑，调侃一下他们的糗事，比如车里太乱、穿得邋遢等。后来遇到了这个人，我也像往常一样拿一些小事和他开玩笑——比如他的手机啊，家里的东西什么的——可他却认为我是在针对他，闷闷不乐很生气的样子。慢慢地，我感觉我在他面前成了坏人，于是和他说话也变得小心翼翼。几年后，我和他在一起基本就不说话了，因为总担心一不小心说错什么，就会“伤害到他的自尊”。

自恋者虽然对待他人粗心大意，从不反省自己，但是对于别人的态度，却心细如发，异常敏感。即使是最微不足道的事，比如你对他们喜欢的餐馆说了一些稍带贬低的话，就会被他们视为一种人身攻击，是对他们的侮辱。他们认为别人做的每一件事都是针对他们，而且始终极度敏感、心思细腻。他们渴求尊重，但同时却要求他人宽宏大度。因此，自恋者就如“勘探者”一般——两眼只盯着别人的一举一动，耳朵听着别人的一言一语，想方设法地从中提取出对自己的批评或侮辱。对于一些模棱两可的事，他们总能按照自己的臆测解释为看不起他们啦，“针对”他们啦（例如，自恋者举办的生日聚会，如果有人迟到了，即使是因为孩子生病的缘故，也会被自恋者解读为对他的生日不重视）。

与疑神疑鬼的心理相似，极度敏感的人总是倾向于过度解读一切。如果你忘了打电话问他什么时候回家，他就会训斥你或批评你对他漠不关心。他给你发的电子邮件中只有三言两语，但如果你也以同样的方式回复说他缺乏热情，那么他就会说你无情无义。你不经意的微妙行为都会被他解读为对他的冒犯，这让你感觉自己好像生活在一个“玻璃动物园里”[①]——不敢轻易说话，即使真诚的建议也不敢提，生怕一不小心触犯到他的哪根敏感神经，最终自己还要收拾烂摊子。

---

① 《玻璃动物园》是美国剧作家田纳西·威廉斯创作的戏剧作品。该剧讲述了在大萧条时期圣路易斯的一个普通家庭如何逃离残酷的现实，以及如何逃离一直笼罩着他们的痛苦回忆的故事。（译者注）

### 危险信号：极度敏感

极度敏感的危险信号通常都是事后才会显现出来。感情初期，你可能感觉到他太敏感了，但转念一想，你可能又会怀疑是自己不够好。就这样反反复复，你变得越来越谨慎小心，不断进行自我审查。观察他是否对“小事”反应过激，注意他对待他人和小事的反应，都能从中洞察到他是否存在过度敏感的情况。在恋爱开始的几周和几个月，我们很容易错过这些线索，因为我们才刚开始了解一个人的行为模式和生活节奏，不易察觉到过度敏感的信号。

## ○ 善妒善嫉

我为人真实诚恳，从不做背信弃义之事。和他在一起后，他把我所有的朋友都质疑了一遍，无论是老朋友还是新朋友，他总能感受到各种威胁。就连我事业蒸蒸日上，他也会嫉妒我所取得的成就。我犯了一个典型的错误：我误把他的嫉妒之火当作是对我“炽热的爱”。我以为是他“太喜欢我了”，怕失去我，并自作多情到受宠若惊的程度。

通常情况下，自恋者不懂调控自尊，因此内心脆弱。正因为内心脆弱，所以感觉身边处处是威胁。表面上自大自负，实则是在包裹自己脆弱的内心。由于他们总是依据他人的看法形成自我意识，因此他们也会用自己的标准评价别人，总喜欢把自己以及自己的地位、财富和生活与他人进行比较，以这种方式确定自己的价值感和自尊感（总而言之，自恋者是将自我意识外包于他人）。由于缺乏持续稳定的自我意识，很容易将他人视为一种威胁（当你过于依赖某物或某人时，很容易对其产生不满）。他们认为，如果他们被别人取代或被更优秀的人“替代”，就是对感情的终极背叛。再加上他们本性多疑，早晚有一天会指责你背叛他们。

由于缺乏洞察力，他们意识不到自己扭曲的自尊是内心脆弱的根本原因。事实上，他们不仅内心脆弱，同时一味渴求他人的认可。因此，他们容易与他人发生不正当关系，如婚外情和一夜情，从这样的关系中获得他人短暂的认可和仰慕；他们善于外向投射（稍后探讨），把自己身上的缺点和不端行为投射到他人身上。嫉妒之心往往是用来检验你的伴侣是否出轨的试金石；如果有一天他突然指责你出轨，那么你可以肯定的是：即使他还没有真正出轨，一定已经开始了一些不正当关系，离出轨也不会太远了。他那满含嫉妒的指责犹如一剂“能使人吐露实情的灵药”，能助你洞察他的不良行为。

善妒善嫉，最主要的表现形式就是对伴侣的不忠，但也有其他多种形式，如嫉妒同事晋升或搬入更好的办公室，嫉妒喜获新车或新房的朋友，嫉妒购买避暑别墅的兄弟姐妹。妒忌之心会消耗他们的内心，让他们变得对自己越来越不自信，这些不良的感觉往往会让他们陷入麻烦，伤害他们的伴侣（例如透支消费或出轨不忠），所以他们会渴求他人的认可来抵消这种不良感觉。自恋者往往嫉妒心强，同时又贪心不足，就像一个觊觎他人玩具的孩子，以是否拥有这些玩具来衡量自己和他人。

注意观察他是否嫉妒你所取得的成就。只要你落后于他，或者他比你强（经济上、事业上），你们便相安无事。一旦你取得了成功，无论哪方面的成功——事业或是学习上，涨工资了或是晋升了——可能一开始他也会为你的成就激动一会（因为你给他长了面子），但很快就会被他视为威胁。记住，他是一个已经落入自卑深渊之人；如果你功成名就，就有可能离开他，或者抢走了他一直渴求的风头。因为善妒善嫉之心，他会诋毁你，批评你，贬低你的成功。试想一下，当你想和一个人分享成功时却遭到他的斥责，将是何种感受。

### 危险信号：善妒善嫉

观察他是否会莫名其妙地指责你对他不忠，同时观察他是否觊觎别人的美好生活。通过采访和观察，我发现自恋者通常都会早早显现出善妒善嫉的本能。他们总是疑神疑鬼，问这问那，甚至偷窥你的电话记录、邮件以及社交媒体账户。多数情况下，他们会限制或禁止你与异性朋友过多接触。嫉妒之心常常被人们误解为爱情中的激情或浓厚的爱意。我采访过的对象均相信他们伴侣的这种行为体现的是对他们的"关心"，这就是他们为什么如此用心地关注那些可能成为"第三者"的人。除非你能在这段关系中正确地自我引导，否则这种"充满激情的"嫉妒往往是一个危险信号，预示着你将会遭受更强烈的控制和孤立行为。

## ○ 缺乏愧疚感 / 缺乏自知之明

"对不起。没想到我的一夜情会伤害到你。我也不知道当时在想什么……"

开什么玩笑？

客户给我说这件事时，我感觉她的伴侣与其说是在道歉，不如说是他太缺乏自知之明。虽然他说了"对不起"一词，却没有意识到对伴侣随意的不忠会给对方带来多么深的痛苦，显然他没有悔悟之意，缺乏自知之明。综合来说：自恋之人不仅粗心大意，而且缺乏自知之明。

传统意义上说，缺乏愧疚感或缺乏自知之明不属于自恋型人格障碍定义的范畴，而是典型的心理变态行为（如黑暗三人格中的一部分）。然而，人们常常发现，他们对自己的言行所造成的伤害不仅缺乏自知之明，也没有悔恨或内疚之意。（如果他们连自己做错了什么都意识不到，又怎么可能会有内疚之意，所谓的道歉又怎么可能真诚？）自恋者对自己的言行给他人造成的心理影响和创伤不屑一顾，认为那是人际交往中必须付出的机会成本；他们只在乎自己的需求是否得到满足，根本不会关注他人的需求，也不在乎他人是否受到伤害。我们大多数人（无论好坏）做错事了，都会渴望宽恕。如果自恋者能够不断迅速面对自己不良行为的后果，那他们还算有药可救，但由于我们善于原谅（尤其在恋爱初期）的本性会让他们心存侥幸，正因为这种侥幸心理的存在，病态自恋者是不会改变的。（有句话说："是我创造了这个怪物。"其实，怪物不是你创造的；怪物本就存在。）

自恋者缺乏自知之明，似乎根本意识不到自己的言行给他人带来的影响，这一点的确令人寒心。他们缺乏监测自己的言行对他人造成影响的能力，这反映出他们的自私和无知。孩子冲母亲发脾气，很少会顾及母亲的感受。他们之所以缺乏自知之明，有多种可能：不善观察自己的行为对他人的影响；与自己的内心世界脱节；对他人的感受缺乏同理心，极少面对自己的行为后果，也很少有人帮助他们矫正。这些因素都会导致自恋者越来越缺乏自知之明，与这样的人相处，即使再深厚的感情，也难以持久（你的日常生活将处处受挫）。

一些人行为不善，甚至低俗恶劣，却没有丝毫悔悟之意，这不禁让人感到不寒而栗。一般来说，大多数人做错事后或伤害到他人后，都会有愧疚难过之感，这也是我们的神经系统运行的方式。而对自恋者来说，却要看问题的严重程度——只有对那些明显突出的不良行为，他们才会言不由衷地说声抱歉或虚情假意地道个歉。他们的这种行为模式也令人寒心，当你因为伴侣对你所做的事感到伤心苦恼时，他却不以为然，根本没当成什么大事，自以为一句道歉就可以把一切伤害一笔勾销。他的这种表现，反倒会让你感觉你才是这段感情中那个“失去理智”的人，你才是那个有问题的人，因为你总是把他眼里的“小题”大做一番。

**危险信号：缺乏愧疚感/缺乏自知之明**

这类危险信号不易发现，因为在感情初期，自恋之人一般会克制自己的不良言行（希望如此）。我们可以观察他的态度是否强势，对待诸如迟到这样的小事是否会主动道歉。

如果他们对这样的小事态度漠然，让你感到不安或不适，那就预示着他今后即使做错了事，也不会有任何愧疚感，甚至意识不到自己的行为不良。

## ○ 渴求认可和赞美

他好像从来不会独处，什么时候都身处人群中。他的确工作出色，喜欢听别人夸赞他的优秀，只有在人群中他才能收获他人的赞美和崇拜。他经常在社交媒体上分享自己的生活照片，精心挑选出那些“完美”的时刻。无论我如何夸赞他天资聪慧、优秀出众，如何全力支持他所做的一切，我都感觉对他来说，我的赞美根本满足不了他的需求。他无时无刻不需要他人的赞美，总是把自己的生活摆在大家面前，期许着人们的赞美之声。我想这就是他难以独处的原因吧——只要一睁开双眼，就要听到别人的赞美。

他人的赞美是自恋者的核心动力所在。没有外界的赞美，自恋者难以生存。他们害怕独处，即使独处也是深陷社交媒体的泥潭，他在社交媒体上既能够获得他人的赞美和认可，又无须做出任何回报。要想和这样的人相守一生，你就要做好心理准备，一辈子都要充当这个人的啦啦队队长，随时赞美他取得的成就和荣誉，每到关键时刻还不能忘记鼓励他。他升职了，换领带了，车停得好，乃至想起来给你回电话了，你都不能忘记夸赞他。这能不让人身心俱疲吗？

社交媒体充当了自恋者的航空母舰，是自恋者寻求赞美的有效平台，因为其无须费力就能得到认可和赞美。社交媒体俨然已如毒品一般让自恋者不能自拔，成为其获取赞美和认可的武器。有关社交媒体的研究表明：社交媒体与自恋行为有着高度的关联。在自恋者的世界中，社交媒体异常热闹，并将他从本应深入的“面对面”关系中拉出来，沉浸于肤浅的网络世界中，通过点击鼠标获取他人的认可。在社交媒体中，自恋者能够将自己伪装成梦寐以求的样子。多数人都会在社交媒体上塑造一个“虚假的自我”、一个“更优秀”的自我。一般人对于在社交媒体上伪装出的自己多少都会感到些许心虚，但对自恋者来说，由于缺乏良好的自我意识，不懂得调节自尊，社交媒体恰恰是他们为了获得认可而专注于肤浅表面和虚假自我的游乐场。

如果得不到他人的赞美和认可，自恋者的生活便变得空虚无味。他人的认可如氧气一样支撑着自恋者脆弱的自我。正因为如此，他们会想方设法获得他人认可，并积累大量肤浅的人际关系。一般情况下，建立深层关系需要彼此付出很多，而这是自恋者难以承受的（如果不付出，对方最终会因不满而离去），因此，对于自恋者而言，肤浅的关系更适合他们。恋爱开始的几周和几个月里，你或许很愿意表达你对伴侣的赞美和认可。但是时间久了，随着感情中激情的消退，两人成为生活伴侣，如果你那自恋伴侣仍然频繁向你索取赞美和认可的话，就会让你感到筋疲力尽，而他如果从你这里得不到他想要的，就会设法从别人那里获取。

### 危险信号：渴求认可和赞美

到了一定年龄后，还在社交媒体上分享你的自拍照或吃法国土司的照片，就显得十分做作了。如果你发现一个人会因为没有社交媒体就难以生存，会为了向他人分享照片而记录生活中的细节，会为了得到的“赞”的多少而心情起伏，那可能就是他寻求认可、赞美的晴雨表，也是他脆弱自尊的体现。通过对待社交媒体的态度，就能判断出自恋者是否具有渴求他人认可和赞美的特征。不过需要注意的是，并不是每个社交媒体爱好者都是自恋者。在社交媒体上展现自己是许多人共同的追求，特别是年轻人。相关研究明确显示，花在社交媒体上的时间越多，具备自恋特质的分数就越高。但如果你的伴侣为人热情、懂得移情、机灵敏锐，恰好喜欢在社交媒体上分享法国吐司的照片，千万不要把他归到自恋者的行列中。但是你要注意，先观察他与你以及世界的互动情况，再考量他使用社交媒体的情况。请注意：恋情开始之初，自恋者往往会疯狂记录并分享你们在一起的各种经历，所以很容易蒙蔽你的双眼，使你也沦为追求赞美的一方。他去大峡谷，真的是被大峡谷壮丽的美景所陶醉，还是仅仅为了自拍？两者区别很大，你需要注意。

## ○ 撒谎成性

他说话时经常有意无意地漏掉一些细节或者回避一些信息，在我的追问下，他才告诉我之前在酒吧和前女友会面的事。他特别善于遮遮掩掩，我若不是有凭有据，他不会说实话。他的手机上突然响起的一条短信就能拆穿他的谎言以及他编造的“合理”理由。我不是一个没事就爱查看男朋友手机的女孩，但是现在我已经到了一听到他手机响起“叮”的短信声，就感到恶心的地步。因为那“叮”的一声意味着又一个谎言。

自恋者总是撒谎成性。他们撒谎的本性符合我们所探讨过的自恋者行为模式——缺乏同理心、自命不凡、自大自负、缺乏自知之明、缺乏悔悟之心。谎言有一个功能：帮助说谎者“挽回面子”，摆脱困境，免受指责。有时我们也会撒谎，但通常都是一些无伤大雅、不会造成伤害的小谎(例如，因为睡过头晚起了15分钟，结果上班迟到了，却对老板谎称是因为堵车)。自恋者经常在多种场合下撒谎。他们经常撒一些无伤大体的谎言(如堵车)和一些于己有利的谎言——不仅如此，他们还非常精于撒谎。只要你没有同理心，也能成为一个高超的说谎者。

谎言的接受对象面对谎言时的心情是复杂的。我们中的大多数人在面对他人，尤其是我们喜欢的或关心的人时，都会倾向于相信他们说的是实话。为了维系双方的关系，即使证据不足，我们也会选择对谎言视而不见。许多情况下，我们甚至可能会把责任揽到自己身上(例如，可能是我太多疑了，我不应该质疑他刚才说的话)。即使他们的话已经十分可疑，难以置信，为了维系两人的关系或者不让我们爱的人经受被怀疑的痛苦，我们也会选择无视已察觉到的谎言。我采访过的许多人都谈到，源源不断的谎言给他们的生活带来了严重的影响，使他们不断自我怀疑、猜疑心重，难以信任他人。瑞秋和约翰的故事告诉我们，说谎逐渐会成为一种日常，最后成为一种生活方式。

别忘了，自恋者是靠他人的赞美和认可生存的。谎言只是他们武器库中的又一个工具，只要有益于维持他们的自我意识和表面伪装——他们会捏造自己的成就，编造自己的机遇，篡改自己的所作所为。他们缺乏同理心又自命不凡，不会把自己的谎言看作是伤害他人的利器，而是作为“有权”伤害他人的正当理由。

### 危险信号：撒谎成性

撒谎的危险信号很容易识别，就像你看到2+2=5时，就要大胆质疑。一条经验法则是：他编造的故事越长、越混乱，虚构的可能性就越大。我们中的大多数人，特别是女性在感情初期，都会给撒谎的那一方第二次、第三次机会，并且一忍再忍。我们渴望维系彼此的感情（特别是那些经历过爱情长跑才走到一起的恋情）。新恋情中的“温情”让我们一再选择原谅。注意他说的话哪些地方不符合实际，哪些地方前后矛盾。如果对此熟视无睹，久而久之，谎言将对你造成心理伤害，影响你的人际关系和信任能力。

## ○ 哗众取宠

他这辈子总共没上过几天班，而我却做着两份工作，只有这样我们才能买得起别墅，开得起新车，孩子才能上得起私立学校。虽然我们的经济并不富裕，他却要享受奢华的假期，喝150美元一瓶的葡萄酒，而自己一毛不拔。账单寄到家时，他看都不看，继续装着过得很奢华的样子。

游艇上的50岁生日派对，没完没了的自拍，社交媒体上的存在感。精美的节日贺卡，完美的伪装……如果那些照片会说话，它们可能会说，别看照片上面的笑容灿烂，实际上都虚有其表。自恋者是哗众取宠方面的专家，局外人只看到了他们完美的伪装，却没有看到伪装背后的不堪。如果他人质疑他们的伪装，又显得太不礼貌。在与自恋者的恋情中，完美的自拍照片以及在他人面前的炫耀就是他向人们展示你们完美爱情的方式（起码表面看起来是完美的）。但这总让你感觉自己生活在表演中，而不是现实生活中。当你需要他人的帮助时，很难得到他人的同情，因为他们看到的是你们完美的生活，怎么可能还需要他们的帮助？每个人都认为你的感情甜蜜美好，堪称完美，因此你所遭受的痛苦或不适，有时在别人眼里都是矫揉造作。

如今，向他人炫耀生活的现象越来越普遍，“攀比之风”空前盛行。在当今的数字化世界中，照片可以反复拍摄，直到“完美无瑕”。自恋者本就钟爱肤浅的生活，在这样的环境下他们更能茁壮成长。即使没有公共剧场，他们亦会不惜重金，为自己的虚荣举办盛大的演出。婚礼就是他们的一个大秀场。许多人告诉我，当回忆自己的婚礼时，就好像是一部“戏”——精心编剧，每一个细节都很完美——但是却没有结婚的感觉。而婚后的生活亦是如此，只是在作秀。约翰和瑞秋（在圣巴巴拉举办了完美的婚礼）婚后的一个又一个故事都说明婚礼越盛大，前奏越完美，婚后的生活离完美就越远。

## 危险信号：哗众取宠

注意他向你求爱时的表现。如果求爱现场感觉像一场表演，就很容易冲昏你的头脑。自恋者常常会策划一场声势宏大的求婚场面：豪华的餐馆、甜蜜的度假、精美的礼物，一样都不会少，公开炫耀到淋漓尽致的程度。如果他在这方面如此张扬，那么他在生活中的其他方面也相差不大。如果你感觉自己好像是扮演了戏剧中的一个角色，即使表面看着光鲜亮丽，但也请你退出舞台一分钟，认真问自己一个问题：这场大型演出是出于真心和爱意，还是纯粹是为了作秀？如果你发觉他虽然把场面设计得声势浩大，但是他本人却缺乏同理心、对他人漠不关心且尖酸刻薄，那你就要好好冷静冷静了。虽然莎士比亚说过，世界是一个舞台，我们都是演员，但也不尽然。生活的本质并不是舞台剧。

## ◎ 外向投射

有一个自恋的女人缺乏安全感，如果发现自己不是人群中最漂亮的那一个时，顿时就会怒火攻心。她很难控制自己的情绪，从失落到暴怒只在转瞬之间——一有压力就怒气冲天，甚至泪流满面。脆弱时需要他人不断地安慰。她的伴侣因被她这种过山车式剧变的情绪折磨得身心俱疲，几近崩溃边缘。当他无力在她情绪失控时再去安慰她时，她竟然说："他太可悲了，情绪全部写在了脸上。总要别人以他为中心。如此情绪化，太可笑了。刚还怒气冲天呢，这会又哭哭啼啼的。真是可笑至极。"听她对他的描述，简直就像在高调描述自己的情绪一样。她自己并没有觉察到自己的问题，但是却将自己的情绪准确无误地投射到伴侣身上，真让人感到不可思议。

明明自己正在做的事，却指责别人不应该做；明明是自己的缺点和恐惧，却说是别人的问题：这在心理学上称为"投射"现象。明明是自己出轨了，却指责自己的伴侣出轨。明明是自己情绪失控却指责伴侣不会控制情绪。投射是人的一种"防御"机制，一般是当一个人心理上受到威胁时表现出的一种无意识行为模式。自恋者心中的那个自我总是时刻监视着身边的世界，寻找各种可能的威胁，而且通常总能找到，于是便将自己的问题归咎于他人。

伴侣的投射心理，会让你备受折磨，因为明明是你没有做过的事（如果你真的做了，就要另当别论），他却总是冤枉你，指责你。自恋者的投射和指责不仅限于出轨和背叛行为，他们还会把内心的脆弱和自身的弱点投射到你身上（分明是他自己野心勃勃却会指责你有野心，分明是他自己总是失败反而指责你不够成功、赚钱太少）。

然而，我们大多数人都不是心理学家（即使我们是），面对别人对我们的指责或侮辱，我们一般很难联想到这是自恋者的“投射”行为，只能独自伤心，然后不了了之。不过，自恋者的投射行为倒能让我们更好地了解他们。当别人向你抛出莫须有的指控，而这些指控并非你所为也并非你本性时，你可以反向思考，把这些名不副实的指责推到你的伴侣身上。他指责你所做的事，很有可能正是他正在做的事，或者当时的感受。

**危险信号：外向投射**

留意观察他无缘无故指责你的时候。此时，冷静一会，后退一步想一想。一开始你会感到茫然不知所措，因为他的指责显然是莫须有的。然而，一旦你能够意识到这是他的一种投射行为，你就有机会窥视他的思想、想法、情感、恐惧和行为。

## ○ 贪得无厌

整体上说，他就像一个吝啬小气的孩子，不愿与任何人分享玩具。他的需要永无止境，时间久了，连他自己都不知道自己为什么如此贪心。我想可能就是为了得到而得到吧。

我们现在的文化崇尚消费主义和物质主义。财富是人们用以炫耀和证明自己的最肤浅的方式。自恋之人往往过分关注金钱和资源，主要是因为在我们的文化（以及大多数文化）中，金钱就意味着地位、权力、人脉以及得到他人的最终认可——而这一切都是形成自恋的动因。因此，对金钱的追求和索取成为许多人获取他人赞美的简易途径，这也是肤浅的一种体现。在美国，大部分富豪都有自恋特质，因为我们的经济发展本就鼓励这些特质的发展。我们的经济体系，从多方面来说，都是建立在贪得无厌、为谋求利益不惜任何代价、以财富积累评价业绩的基础之上。生活奢华、腰缠万贯不一定让人变坏。但是，觊觎物质财富，贬低那些“囊中羞涩”之人，用财富衡量他人和自己，为了金钱、财富和地位不择手段，这些贪婪的物欲就会触发一个人阴暗的一面。贪得无厌和自命不凡往往是紧密相关的——钱越多的人越自命不凡——而自命不凡的人都相信自己“应该”获得更多，而且不达目的不罢休。

显而易见的是，贪得无厌无益于感情的维系。如果你的伴侣一心只知追求名利与财富，全身心扑在实现这些目标和追求上，那必将有碍于你们彼此感情的健康发展，而你很可能也随之沦落到追逐物质的大军中（抑或迷失方向）。这种精于张扬作秀又贪得无厌的人，时间久了，总会让人感到厌烦，最终遭到他人的孤立和疏远。此外，一个内心贪婪的人更易嫉妒他人的财富，使其与朋友和伴侣之间的关系更像“激烈的竞争”关系，而不是合作配合的关系。

### 危险信号：贪得无厌

贪得无厌有什么危险信号？只需要看他对待金钱和财富的态度。他是否经常在他人面前炫耀作秀，是否总是滔滔不绝地谈论他所拥有的东西或想要的东西？是否不断提及他想要的豪车以及他所拥有的奢侈品？是否会侮辱或贬低比他财多权重（或者位轻言微）的人？这些问题的答案就能暴露出他是否具有贪婪的本性。

## ○ 冷漠无情

由于经济萧条我们破产了，她竟然拒绝出去工作，不愿为减轻家庭负担尽己之力。我多次向她解释我们的现状，最后建议卖掉现有的房子，换一个便宜一点的地方，这是目前解决问题的最好办法。她听完，冷漠地看着我说："你自己想办法吧。"她绝不可能放弃一向安逸的生活。我无奈得想哭，她却无所谓地走出了房间。

自恋者无不情感淡漠，冷酷无情。他们会大笑、会发脾气，但是对于生活中的基本情绪，如悲伤和快乐，却羞于表达。情感淡漠，缺乏同理心造就了他们不会在意他人的感受，更不懂得温暖他人。因而，他们总给人一种难以接近并且冷漠无情的感觉。冷漠无情会让人不安。人们常用来形容他们的形容词有"毫无热情"或"冷若冰霜"。这种特质很难让人接受，特别是当你需要他时，他的冷漠只会让你更加寒心。缺乏同理心，必然冷漠无情。我们大部人都有能力根据他人的情绪来调节自己的情感，就好像安装了一部自动调温器一样。如果他人难过了，我们会调整自动调温器，去安慰开导他。自恋之人不懂为他人调整情绪，除非深入他的内心让他自己感到难过，但这种情况对自恋者来说是鲜有发生的。此外，他们的身体中没有安装情感自动调温器，无法根据周围的温度调节自己的温度，因为他们根本没有接入这种调温器。

你的伴侣若是一个冷漠无情之人，就意味着在生活中，特别是当你困难失意时，不要期望得到他的宽慰和温暖。我记得有个客户向我讲述的经历。她的母亲生病了，没多久就去世了。就在她悲痛欲绝之时，她的伴侣问她的第一个问题竟然是："我们什么时候去五金店买东西？"另一位女士谈到她祖母刚刚去世，守灵会那天她还沉浸在痛苦之中，可她的伴侣冷冷地说他要忙工作，没时间去守灵。我们在经历困难情绪低落，伴侣却对我们不闻不问时，最能敏锐地体会这种冷漠情感。

争吵时也能显现自恋之人的冷酷无情。当一个人情绪激动，发泄自己的情绪时，自恋者却无动于衷——或者以冷漠、不屑的方式回应。此时，你可能会感觉头晕目眩——其实是感觉自己“快疯了”——对方冷漠的态度，让你更难调控自己的情绪。伴侣的冷漠无情让你始终处于困惑之中，最终可能导致你为了获得他的些许温暖和关爱而对他言听计从。我观察到，许多人为了能擦出自恋型伴侣关爱的火花，坚持了几十年，但结果全是徒劳，还将自己折磨得身心俱疲。

### 危险信号：冷漠无情

冷漠无情的危险信号一般在感情初期不易察觉，有些人虽然一开始注意到了对方的冷漠，却将之误读为他的腼腆（请注意，不要轻易为腼腆之人贴上冷漠无情的标签）。腼腆的人始终腼腆，而冷漠无情之人面对他人发自内心的真实情感时，往往更加冷淡和漠然。此外，不感兴趣和不愿交谈等行为模式可能是日后他冷漠无情的前兆。如果你感觉在感情初期，就需要你来温暖他，那就要注意了。如果空气中弥漫着他的冷漠无情，那么这种冷漠无情将是不可能改变的。

## ◦ 认知否定（好像“神经错乱”的那个人是你）

19 世纪 30 年代上映了一部电影，名叫《煤气灯下》，一个丈夫为了把妻子逼疯，不断把家里的煤气灯调暗。当妻子问他为什么把灯调暗时，他却否认说灯没有调暗。不久之后，她真的“疯了”。

认知否定可以说是一种情感虐待，表现在否认一个人的经历，郑重其事地称“从未发生过”“你太敏感了”或“没什么大不了的”。认知否定是随着时间的推移逐步潜入的，最终让你感觉自己快要疯了。

“认知否定”常见的手段有：打断话题或直接拒绝（例如，“我不想再听到这样的话”）、制造矛盾（例如，说你记错了某件事）和转移注意力（例如，当你提到某件关于你和他的事情时，他会把话题转移到几年前你说过的话，或者把这件事歪曲成是你的朋友们针对他的阴谋）。他还会对你的情绪表现出不屑一顾（“这么小的事情也值得你生气？”），并否认确实发生过的事（“我从没做过这样的事”）。

认知否定会给你带来难以想象的伤害，你会因此感到困惑、受到孤立，最终质疑自己的现实生活。你开始对自己生活中的一切产生怀疑，久而久之，似乎你生命中唯一真实的就剩你那自恋型伴侣了。认知否定最终致使你不断自我怀疑、疑神疑鬼、绝望至极。你会发现，长期以来自己不知不觉中一直在向他道歉，生活不像以前那样轻松快乐了。简单来说，认知否定属于一种情感虐待，循序渐进、由内而外地吞噬你，让你感到孤立和困惑，以至于不知如何寻求帮助。

最终，由于认知否定，你不再与人沟通。沟通的概念是建立在双方懂得倾听并真诚以待的基础之上的。有句至理名言：感情靠“沟通”，如果沟通不了，那就是你的错。不断遭受认知否定会让你备受挫折，以至于精神失常。当瑞秋对自己的生活越来越感到不安时，约翰的回答却让她觉得是自己“疯了”，因为他总是否认她分明有确凿证据的事实。

## 危险信号：认知否定

当你所肯定的事遭到否定时，就是认知否定的危险信号。坚持立场无须一定要争个是非黑白。如果在感情初期你就发现了这一危险信号，请退一步冷静思考，但凡是爱你的人都不会否认你的感受。如果你不知不觉中开始猜东疑西，怀疑自己，那就是受到认知否定影响的早期迹象。请记住，自恋者尊崇的是“宁我负人，毋人负我”的理念，更是这方面的大师——只要对己有利，否定你的现实又何妨。

## ○ 吝啬小气

他对我说“和我在一起是你的福气，不知有多少女人想和我在一起”，这便成了他不愿为我花钱的理由。他省吃俭用是为了买他自己想要的东西（一辆老式摩托车），因此不能因为我而乱花钱。当他破天荒花钱为我买了一样东西后，就会无数次提醒我他给我买过东西，以至于我再也不想接受他的任何东西。就因为一个礼物，要听他对我说一千遍这个礼物的价格；给我买个东西或带我旅行一趟就要听他说一千遍他对我有多好，委实不值得。

自恋者生活的世界里，只会对自己有益有利的人慷慨。他之所以会对他人慷慨，也是为了自己的面子上好看，或者作为以后可利用的武器（例如，“我都带你去度假了，所以以后你没有权利对我生气”）。我经常调侃说这是他们花的“封口费”——我把钱花在你身上了，你就要闭嘴。他们视金钱为武器——无论是区区 1 美元还是 10 亿美元——以为有钱就可以对他人颐指气使。只要他们打开了钱包，把钱花在了他人身上，就期望得到他人无尽的感激。这也是他们经常对孩子们使用的伎俩，不能陪伴或说到不能做到时，就花钱给孩子买玩具、奢侈品或出钱让他们度假，以求安宁。这种做法定会让孩子们感到困惑不已，对成年人来说更是难以接受。

我们讨论了两种类型的“吝啬小气”，而且它们时常共存。有些人是真的无法慷慨大方。他们花钱是有目的的，这就是为什么他们在求爱阶段通常表现得慷慨大方，但是一旦得到你，就会收起钱包。这类人就是彻头彻尾的吝啬，只对自己慷慨大方，对别人吝啬小气。这是有目的地花钱——只对有益于自己今后发展的事花钱。

还有一种吝啬小气是把钱和礼物作为武器：花了钱（这会让他们表面看起来比较慷慨），然后不厌其烦地提醒你“给你花过钱了”（也就是“封口费”）。早知要付出如此大的代价，你可能真后悔当初接受他们的“慷慨”了。他们不只对金钱“吝啬小气”，同样还对他们的空间、厨房里的食物、他们的财富、他们的时间、他们去机场接你的意愿吝啬——他们的吝啬无所不包。

### 危险信号：吝啬小气

观察他们慷慨的程度（抑或根本无慷慨而言）：金钱方面、精神方面、时间方面和空间方面。如果你发现他存在不断提醒你花了多少钱，故意炫耀自己有多么慷慨的行为，或者就是单纯地吝啬小气，你就要谨慎了。注意他是否只对你在礼物或金钱方面慷慨，但是在精神或时间方面却吝啬小气。傻瓜都会打开钱包给你买礼物，请你吃晚餐；但是在你需要时，能够陪着你，支持你，哪怕只是静静聆听，这才是最难能可贵的。

## ○ 逃避责任

自恋者就像聚四氟乙烯[①]，什么都不粘。他们不会承担任何责任，也不会因为任何事而承担责任。在推卸责任方面，他们是大师级人物，

① 俗称“塑料王”，英文名“Teflon”，因此又被称为“特氟龙”“铁氟龙”“铁富龙”等。这种材料的产品一般统称作“不粘涂层”，是一种使用了氟取代聚乙烯中所有氢原子的人工合成高分子材料。（译者注）

无论是撒谎、欺骗还是偷窃，他们都能将自己的责任推得干干净净。他们能编造出复杂的借口，还能自圆其说。当真面目被揭穿时，他们又会大呼自己是受害者，假心假意地向你道歉。一个从不为任何事——言语、行为、感情——承担责任的人，就算能够维持一段感情，也是极具挑战的。就连学龄前的儿童弄坏了蜡笔或丢了玩具，我们都要求他们承担相应的责任。要求一个成年人承担责任又怎会过分？但是，由于自恋者无法区分责任和责备的界限，他们索性两者都不要。我们经常看到当名人或公众人物出现过失时，就会邀请一位经验丰富的公关，向大家发表一篇苍白无力的道歉，敷衍了事。与其如此敷衍地“承担责任”，还不如直接否认。

总的来说，他们通常以“否认”作为为自己争辩的手段——要么干脆否认，要么迂回否认——以避免承担责任。这可能是自恋者操纵欲望强、撒谎成性和缺乏同理心的综合表现。有时，即使我们被他人的不当行为或错误所刺痛，但是如果这个人敢于承担责任，对于我们来说也是一种慰藉，许多人都能表现出豁达大度。但请不要对自恋者抱有这种幻想，那是浪费时间。你那自恋伴侣是不可能真心承担责任的，抱有幻想只会把你自己折磨得筋疲力尽。

## 危险信号：逃避责任

注意观察，他是否对自己的言行守信——无论大事小事。人无完人，孰能无过。理想情况下，我们应该为自己的言行负责。如果你发现他的行为有问题，但是他拒绝承认，你就要注意观察他的这一行为模式。注意听他所分享的生活故事。他是否对过去的错误或失误负责？在他所分享的故事中，他是否一副把自己描述得无可指摘、十全十美的样子？自己生活中遇到的困难，他是否总是怪罪于他人？留心观察他是否凡事都持有一种“他人皆浊，唯他独清”的态度。

## ○ 爱慕虚荣

他极其注重自己的外表。正是风流倜傥的外表吸引了我，也吸引了那些他想要得到关注的诸多女性。纵然我们分手后，他的容颜稍有褪色，但凭借他那玉树临风的外貌、超凡的魅力，走到哪都有人愿意为他埋单。他每天都会抽出时间锻炼身体，好吃好喝，绝不亏待自己。而我却像个疯子，为了生活四处奔波，拖着孩子一起工作，而他只需负责照顾好自己。他从不会出手帮我一把，不仅如此，万一我们妨碍他“例行的公事”，他便气愤不已。有趣的是，他不光要求自己外表光鲜，还要求他的房子看着光鲜，他所有的一切都要看着光鲜。

看一看我们杂志架上的杂志、电视广告或社交媒体，你会发现虚荣已成为一种全国性消遣。病态自恋根植于对外表和生活方式的虚荣追求。他们不惜花费大量时间追求光鲜的外表、年轻的状态、各种名牌、名流住地、先进设备、最好的伪装。病态自恋者对肤浅的追求正好落入爱慕虚荣的陷阱。爱慕虚荣耗时费资，感情初期你可能感觉虚荣之人比较迷人，甚至有吸引力，但随着时间的推移，他的这种虚荣定会削弱你们的感情。

虚荣心和“哗众取宠”心理有着密不可分的关系。虚荣心促使人们自我夸耀，进而开始在人前作秀。归根结底，虚荣之人只重外表而轻内涵。此外，自恋者痴迷于虚荣，只对美丽的事物感兴趣。由于自恋者并非重义负责之人，因此易借虚荣之名，在经济方面和个人作风方面犯错。而你也很容易被他的虚荣所感染，甚至认为如果不把自己打扮得花枝招展、万人瞩目，就会被人们遗忘。

### 危险信号：爱慕虚荣

观察他的仪容仪表。求爱时，就连孔雀都会特意展开自己美丽的羽毛。但是如果你发现他把大量时间花在镜子前、健身房、自拍和梳妆打扮上，而忽略有意义的事情时，你就要注意了。此外，他会把自己的虚荣心投射到别人身上，对你的外貌也有所“期望”。我采访过的一位女士，她告诉我，她丈夫在看电视时很少和她说话，好不容易开口时，往往都是指着电视节目里一个穿比基尼的女性，问她为什么不能像电视里的那个人一样把自己打扮得性感一些。把自己的虚荣心投射到他人身上，会让他有一种客观化的感觉。我采访了几位女性，她们的丈夫始终要求她们保持完美身材（不惜让她们隆胸等）。这些女性因此受到了巨大伤害，最终意识到在这段感情中，丈夫其实只是把她们当成了一个养眼的花瓶而不是一个值得关爱的人。看到漂亮的东西，我们很容易眼花缭乱，但切记千万不要成为他爱慕虚荣的牺牲品。虚荣是不会长久的。

## ◎ 过度控制

“就连花瓶里的花没有按照他的要求‘摆放’，他都会批评我。”

这是自恋者的另一个标志性症状，不仅表现为对生活规矩的要求和控制，更表现为对作为伴侣的你的过度控制。最令人沮丧的是，你的另一半虽然牢牢控制着你，但对你的生活却漠不关心。如认知否定一样，他对你的控制也是循序渐进的。很多时候，一开始我们很容易把自恋者的控制欲误解为他对你的激情或关注——谁不喜欢爱的关注？你可能会这样说服自己：“他爱我，所以才不停地问我在哪里”，抑或“她只是爱我爱得太热烈——所以总是给我发短信”。

控制欲也是感情中的一种虐待；过度控制可以使一个人达到唯他

是从的程度，自恋者往往通过控制的手段来孤立那个唯他是从的人。一个人发现自己在感情中处于被控制的地位，常常会产生羞愧感。在感情上受到控制或强迫，会让别人感到可笑或者为你担忧，因此你也不愿和亲密的朋友或家人谈论此事。

感情中的控制欲最常见的表现形式就是伴侣随时监控你的行踪，时不时地和你联系以确认你在哪里或和谁在一起，窥视你的电子邮件和短信，审视你的穿着，对你的职业和人生决策指手画脚，根本不考虑你个人的意见。所有重大事情，事关孩子啊、娱乐啊和重大物品购买啊，都必须由他来决定。过度控制有时也以一种自相矛盾的方式表现出来，你的伴侣经常不回家，对你漠不关心，但仍然对家庭规矩、日程安排、用餐时间和日常事务严格要求。当瑞秋搬来和约翰一起住时，发现自己时时处处受到约束，房子里的一切都要按照约翰的要求呈现，甚至为一件破毛衣该不该扔而焦虑。在如此过度的控制之下生活，怎能不让人身心俱疲？

自恋者对身边的环境也有强烈的控制欲，一切都要按照他的要求有序进行，主要体现在其对一个家庭的管理。自恋者对于自己的个人物品、周围环境和所开汽车有着近乎强迫症式的要求。换句话说，一切必须符合他们的要求。自恋者绝对控制自己所需的时间和空间，无视是否会损害他人的利益。这种控制几乎达到强迫程度，因此与自恋者生活在一起，让人如履薄冰。这种环境下的家庭，不可能抚养出心理健康的孩子。采访中，有些人谈到自己自恋型的伴侣甚至要求孩子们始终保持安静，衣着必须干净整洁，不能在家里的公共区域玩玩具，房间必须井井有条。如今，采访中的一些孩子已经长大了，成年后的他们普遍焦虑不安，家里对规矩的无休止要求至今让他们感到紧张不已。

自恋者倾向于用这种模式控制身边的外部世界。别忘了，他们的内心世界严重匮乏，自尊心脆弱，必须依赖于世界的认可。因此，他们会通过从外部控制他人的方式来控制自己内心的混乱。由于自尊心脆弱，他们总担心你会愚弄他（例如背叛），或者担心如果不控制你，就会失去你（这也反映了他们自大自负、力图控制一切的心理）。

### 危险信号：过度控制

他是否经常问你：和谁在一起，在干什么，在哪里，为什么在那里，什么时候回家？恋爱初期，你可能很容易把这些问题理解为是他对你的在意和谄媚。回忆一下：凡是做决定时，他是否都征求过你的意见？他偶尔也会带你去餐馆吃个大餐或周末给你准备个惊喜，让你轻易就忘记他带给你的烦恼，但如果你感觉这段感情像是精心策划的而不是油然而生的，那么那些让你惊喜和激动的时刻，你都将要为之付出代价。此外，注意观察他是否对规矩的需求已达到强迫症的程度。要求房子干净整齐固然没有什么错，但如果他对规矩的要求达到了无理的程度，同时伴随着命令的语气、强硬的态度、暴躁的脾气或者只考虑事情本身而忽视他人的感受，那么你就要透过现象深入地看到本质。上车前，你的伴侣是否会粗鲁地质问你鞋子是否干净？用错浴室里的毛巾，你的伴侣是否会斥责你？把严格的规矩、僵化的要求和过分清洁置于一切之上，这就是明显的危险信号。

## ◦ 不可预测

如果生活中充满不可预测，那我们的生活便充满挑战性，就像生活在雷区一样，随时都有踩到地雷的危险。即使我们的伴侣不是自恋者，当我们在生活中遇到意想不到的事——汽车突然爆胎、孩子生病、偶遇暴风雪——都会让我们感到压力重重。由于自恋者是从外部调节自己的情绪（需要获得外界的认可），因此他们情绪的好坏是由身边事是否如他们的意以及是否得到他人的认可决定的。如果一切皆能如他们所愿，他们心情好，那么他周围的人这一天也能过得舒心。一旦事情未能如他们所愿，那就意味着这一天对他们身边的人来说将是充满挑战的一天。这与他们缺乏同理心有关，也让他们身边人的生活充满不确定性。

当今社会，显然所有人的生活都充满不确定性，只是程度大小不同而已。收到好消息时，我们都会兴高采烈；问题层出不穷时，我们都会生气暴躁。但我们与自恋者最主要的区别在于我们的认同感不会改变。通常情况下，人们都会反复进行自我监督，接受他人的反馈，关注他人的反应，考虑他人的感受，征询他人的意见。例如，刚刚度过了极具挑战性的一天，你就会选择独自冷静几分钟或几个小时，而不是把火气撒到别人身上。自恋者的不可预测性首先是由于他们深受外界的影响，需要依赖外界的认可来认识自己。此外，他们也不会反思自己的反应会给别人带来什么样的感受（或者说他们根本不在乎）。这是一种典型的“先斩后奏”的心态。

自恋者性格缺乏可预测性，情绪通常变化无常，有时几个小时之中甚至几分钟之内，就能从扬扬得意突然变得冷酷狂躁。可悲的是，由于他们渴求的是他认为“重要”的人的认可，善于贬低自己的伴侣，所以你的认可对他们来说根本不够。自恋是一种自我调节障碍，由于自恋者不会调节自己的情绪，因此导致他们的不可预测。许多自恋者的伴侣往往因为永远无法安抚或激励他们而备感受挫。因此，你的伴侣并不是唯一渴求外界认可的人，你也成了渴求外界认可的人了。（我听多个人说过，他们开始害怕自恋伴侣的老板，不是因为老板和自恋者之间的接触，而是因为老板对待自恋者的行为直接决定了当天家庭生活的基调。）许多自恋者的伴侣都发现，自己变得越来越焦虑，甚至无法调节自己的情绪，感觉自己的生活一片混乱——而且无力改善，因为他们无法安抚和安慰伴侣的情绪，也无法振作他们的精神。有趣的是，由于自恋者从不担责，将所有问题都归咎于他人（如“聚四氟乙烯”），并将自己的情绪投射于他人身上（如上所述），当他们情绪失控时，反而会责怪你不可靠、前后矛盾。

自恋者的不可预测不仅体现在情绪上的变化莫测，还体现在计划和行为方面的变化无常。同样，缺乏同理心意味着他们不会考虑他们在计划和行为中的这种忽上忽下、忽左忽右的行为对他人的影响。他们这种反复无常的行为难免让生活在身边的人感到恼火，左右为难，甚至付出高昂代价。

## 危险信号：不可预测

早晨你离开时，你的伴侣还像可爱的小狗一样欢喜雀跃；而下班回来后，就变得如丧家之犬一般气急败坏，见人就咬。这时你就要注意了。等你意识到伴侣的不可预测才是你们感情中唯一可预测的事情时，一切就太晚了。看看电影《化身博士》[1]中的杰基尔 & 海德先生，把室友折磨得身心俱疲。仔细想一想，你是否真的想要这种过山车式的生活。

① 英国作家罗伯特·路易斯·史蒂文森的一部脍炙人口的经典小说。书中的主角——善良的医生杰基尔，用自己作实验，结果却导致人格分裂，夜晚变成邪恶海德先生，从而形成双重人格，因此杰基尔 & 海德成为“双重人格”的代称。（译者注）

## ○ 频繁利用他人（或你）

“频繁利用他人”有一个专业术语：“人际剥削”。简言之，由于自恋者只顾满足自己的需求，特别是外在需求，因此他们会把他人当作满足个人需求的工具。人际剥削的方式多种多样：通过亲戚朋友的关系获得音乐会的贵宾座位，让你找熟人免费使用她的度假屋，给一个多年都不曾联系的老朋友打电话让他为竞选捐款，等等。在自恋者的世界里，其他人的存在就是功能各异的工具——用于满足他需求的工具。

作为病态自恋者的伴侣，人际剥削也会发生在你身上。作为他的伴侣，你就是一个终极道具，你存在的意义只有一个，那就是为他的需要而服务。由于感情初期不了解自恋者的这一特点，你可能会觉得有点失去自我——因为只有当你为他所用时，你才有价值。通常他首先会对你阿谀奉承一番，然后交给你一个让你左右为难的任务，或者让你向别人提出一些难以启齿的要求。你的感觉就像是他手里拿着一根线操控着你。在提出非分请求时，他一点难为情的感觉都没有，甚至连句像“我知道这个请求有点不合适，不知道有没有可能……”或者“我们乐意为这个座位/房子/人情买单，非常感谢您愿意这么做”这样的客套话都没有。这不是赤裸裸的剥削，又是什么？剥削的本质就是剥削，不是合作。当你感觉受到伴侣剥削，或者被迫去做他让你做的事时，你将是何等痛苦。

### 危险信号：频繁利用他人（或你）

他是否经常让你帮忙，如果你拒绝，他是否会责备你？让你因没有帮到他而感到羞愧？注意观察：你伴侣的情绪变化是否与你能否满足他的需要有关？他是否请你帮忙时，对你笑脸相迎，不需要你时就冷若冰霜？如果这种情况持续发生，或者他在提出剥削性要求时几乎不考虑他人感受，那么他的这种行为模式将会持续存在，不断置你于左右为难的境地。

## ◎ 幸灾乐祸（落井下石）

“Schaedenfraude”一词在德语中是指“一项糟糕的运动”的意思，其实，这个单词还另有他意。具体来说，是指因别人的不幸而感到兴高采烈，因别人的悲痛或失败而欢欣鼓舞。这是自恋者的一个特质，由此可知他们的内心世界是多么令人毛骨悚然。

由于自恋者本身善忌他人，因此他们想当然地认为别人也会对他们产生妒忌之意。他们不会从别人的成功中得到快乐，尤其是当自己的生活不如意时（也是源于他们脆弱的自尊），更忍受不了别人的成功。对自己的伴侣，他们的这种行为更是变本加厉；他们基本不会为伴侣的成功产生任何热情，一定要表现出热情时，要么是勉为其难，要么是缺乏真情。我与许多伴侣是自恋者的人交谈过，他们都提到，如果好事发生在他们身上时，自恋型伴侣不会为他们感到一丝欣慰，反倒是当他们遇事不顺时，伴侣们一个个表现得幸灾乐祸。

如果你和一个自恋者生活在一起，他不仅不会因为你的成功而为你感到快乐，反而会贬低或嘲笑你所取得的成就，甚至可能从你的失败或蒙受的损失中获得可耻的满足感，这不禁让人感到伤感和寒心。这种行为模式将对长期的感情生活带来致命的损害。我采访过的许多人说，在多年甚至几十年的感情生活中，自己从没有因为成功而受到伴侣的称赞，得到的反而是他的贬低和侮辱。在这段感情中，他们的自尊因此受到极大伤害。久而久之，他们从一个对未来充满信心，满怀期许的人变成了一个自我怀疑、灰心丧气，甚至绝望不已的人。讽刺的是，他们总能从他人那里——朋友、家人、同事——得到鼓励和支持。由于始终得不到自恋伴侣的支持，他们的生活就是一场漫长的求得伴侣认可的过程（有朝一日他们终会发现，他们永远也得不到伴侣的认可）。

### 危险信号：幸灾乐祸

观察你的伴侣听到有关你的或他人的好消息时有什么样的反应，他表现得欢喜雀跃，还是苦涩尴尬？恋爱初期，自恋者还能对你的好消息有所回应，然而等到你们在一起久了，他的这种热情自然就会消退。注意观察：听到别人成功了，他有什么样的反应——喜悦，支持，还是轻蔑？当你和他分享你的成就时，他是会鼓励你（无论大小），还是把你赶走甚至贬低你？对于别人的不幸，他是否会感到幸灾乐祸？他喜欢看到别人的失败吗？这些行为模式一般在你们早期的交往中就能显现出来，因为自恋之人嫉妒他人和侮辱他人的心理根深蒂固。谨记，别人的成功，特别是你的成功，往往被他们视为威胁。

## ○ 害怕独处

被问及为什么成名如此重要时，他说："这样我就不会感到孤单了。"

自恋者通常都害怕独处。别忘了，他们内心总是渴求别人的赞美，所以独处对他们来说就是一种挑战。他们要么和一大群人在一起，要么一对一两个人，要么和家人在一起，要么在工作单位和同事在一起，总之独处绝不是他们的强项。如果找不到可以共处的人，他们就活跃在社交媒体上。对大多数人来说，独处意味着独立思考问题，这是健康生活中必不可少的部分。但是如果你的自我意识浅薄，需要依靠别人获得自尊，那么独处就意味着空虚。这不同于常规外向性格——有些人就喜欢热闹的生活，但是无法忍受独处就有问题了。

自恋者的这种特质有时会导致感情出现问题，在你需要休息时，他却需要你的陪伴；或者，为了寻求他人肤浅的认可，总是约一大群人或参加大型聚会。如果你们双方都喜欢人多热闹的社交方式，自恋者的这一特质就不会成为你们感情中的问题。虽然你可以通过不同方式满足自己的需求，但可能更习惯于自己的社交或互动节奏。

### 危险信号：害怕独处

他是否很少独处？他独自一人时，是否不停地打电话以填补独处的时间和空间？他是否总是和别人在一起？由于他不停地用短信、即时消息和在社交媒体上发布帖子与他人互动，所以他的手机总是不停地嗡嗡振动、叮铃铃作响？如果他喜欢“和别人在一起”或讨厌“独处”的迹象很明显，你就要注意。就害怕独处本身而言，不足以构成自恋，但若与其他特点结合起来，就是一个危险信号，这也能解释你们的感情生活中为什么出现了如此多问题。例如，有时我们的生活中需要我们静心在家，如育儿期间，但如果此时他还要求“出去和朋友聚聚”，就会引发问题。

## ◦ 界限不明

他的身边总是不乏女性朋友，巧合的是，她们大多数都是单身，对他充满了崇拜之意，而他却很少把我介绍给她们。一开始，我以为是因为他比较酷，深受女人的青睐，有良好的女人缘，所以我也努力地成为一个酷女孩，并尊重他作为一个男人的友谊。慢慢地，他们之间的友谊就有些超乎寻常了，频繁在社交媒体上互发一些不合时宜的内容，不分时段地互发短信、互打电话。后来我们感情破裂，最终分手。我们谈了多年恋爱，但有一天我遇到了他的一个女性朋友，她却说："我都不知道他有女朋友。"

界限是保持良性人际关系必不可少的条件。界限反映出了秩序、文化、尊重和得体，以及生活中方方面面的社会规则。界限会随着时间的推移而发生变化。例如，一个男人一旦确定了严肃的感情关系，就不能再与其他女性朋友打情骂俏。界限通常是隐性的，感情中的双方都心知肚明。开始一段感情后，就要与新老朋友和家人保持适当的界限，这是对感情信任、尊重和珍视的体现。

界限不仅适用于爱情关系，还适用于与同事、家人甚至陌生人之间建立的关系。你不可能（也不应该）走到一个陌生人面前，张口就问他们的性取向。度蜜月时就不适合邀请父母同去。懂得保持界限也是一种技能——大多数人都能够把握。当你已确定恋爱关系后，再给其他人发媚俗、调情类的短信就不合适；即使曾经有过，此时也应该立即停止。多数情况下，新建的感情关系中，界限的重构并非易事，有赖于成熟而睿智的沟通。恋爱中人常犯的一个错误就是认为界限是自然而然形成的，而事实上并非如此，因此感情常会受到伤害。

自恋者通常都不懂设定界限。由于他们是通过他人来调节自己的自尊，所以为了满足自己的需求，会设法维系所有的关系，而且时常越界，只因越界的那一刻能给他们带来美好的感觉。此外由于他们缺乏同理心，既不会反思自己的越界行为给作为伴侣的你带来的伤害，更不懂得善待作为感情中另一方的你。

### 危险信号：界限不明

有了现代技术，人际关系中的越界行为已成为我们生活中的家常便饭。前男友或前女友，或者过于多情的同事不断发来的短信或电子邮件，或在社交媒体中发布的不合时宜的帖子或评论，这一切都说明在人际关系中界限出了问题。自恋者如此依赖社交媒体有一个好处，那就是你可以在恋情初期尽早了解到他们在交友过程中的模糊界限。而问题在于，当你提出对他和朋友之间界限不清的担忧时，自恋者通常都会选择无视（“他们只是朋友”），同时还会嘲笑你思想传统，让你感觉自己是一个清教徒式的傻瓜，或是一个“思想保守”的人。如果你的直觉告诉你他有问题，那可能就有问题。在智能手机时代，人与人之间能够一天24小时保持联系，因此相互的交往也很容易越界。注意那些深夜传来的短信声，那可能是界限模糊铃声，也可能就是越界行为的警钟。

## 不忠不诚

他将他的另一段感情隐瞒了多年。一个家人最终告诉我这件事后，我搬了出去。结婚20年，我为他生了3个孩子，从未得到过他的关爱，同时我还兼职3份工作以支持他和他的“艺术”。得知并确认他出轨后，我才算从这段感情中解脱出来。我打电话质问他时，他却说：“还不是因为你总是不在我身边。”

自恋者通常都不忠不诚。对于婚姻中的不忠，我常将自恋作为主要推测因素之一。虽然并非所有的不忠都是自恋造成的，但绝大多数自恋者都对婚姻不忠（如上面的故事所示，他们会把对婚姻的不忠归咎于你的“过错”）。对婚姻的不忠不诚有多种形式，精神上的不忠或肉体上的不忠（通常两者兼有）。主要表现为：婚姻关系以外的精神和肉体同时出轨，精神出轨肉体还未出轨，或者简单的一夜情（或者一系列的一夜情！）。一般来说，自恋者肉体出轨的情况多于精神出轨。

不忠不诚是交友界限不清问题的延伸。缺乏同理心、自命不凡、自大自负、渴求满足私愿的特点，都是对婚姻不忠不诚的主要动因。他们对他人的赞美渴求和寻求新鲜感的欲望之强烈，使他们难以做到对感情的忠诚——婚外情能够满足自恋之人对刺激、恭维和自大心理的需求。缺乏同理心，导致他们什么样的“蛋糕”都想分得一份；一边维系着与你稳定的婚姻关系，一边在外面寻花问柳。这难道不是卑鄙之举吗？

伦理道德对自恋者不起作用，他们能把有失道德风化的问题扭曲成伟大的爱情故事，因为他们自以为自己“与众不同”，理应“活得滋润”。他们生活在幻想中的世界里，无论是一夜情还是长期婚外情在他们眼里都是理所当然的。由于他们没有同理心，所以当他们对伴侣不忠时，并不会像思想健康的人那样，在思想上与道德作斗争。他们的不忠不诚表现为：经常出没于成人娱乐场所（例如，在约翰和瑞秋故事中那个小插曲）、商务旅行期间的一夜情或长期婚外情。

许多人一生都走不出伴侣不忠留下的阴影。对婚姻不忠是严重的失信行为，如果反复遭遇，会导致严重的心理后果，如抑郁、焦虑和健康问题。人会犯错吗？当然。一次出轨不足以判断为自恋。但与长期存在的交友界限不清及上述其他行为模式结合起来看，对感情的不忠就是病态自恋的重要体现。一般来说，一个人的不忠不诚也说明这个人粗心大意、刻薄草率。如果婚姻中出现了不忠，起码是一个警钟，警示婚姻即将走到尽头。

## 危险信号：不忠不诚

如果在恋爱初期，你就察觉到了他的这种行为模式，或者他的行为强烈暗示了这种模式，请你冷静思考。如果他承认过去有出轨行为，请你更要冷静。

这种情况下，自恋者都会说“我吸取教训了，再也不会重蹈覆辙了”，但是请注意，有一次就会有无数次，而且会在你眼皮底下再次发生。最后，注意观察他是否存在交友越界的行为：是否与过去相爱的人仍保持着密切关系，本该陪伴你的时间却与他人独处，以及他在社交媒体上的言行暧昧。不要落入“酷女孩”的窠臼中。如果你感觉不适，就要说出来。如果他依然我行我素，你就需要重新评估你们的感情。

## ○ 不擅倾听

看电视时，他总是把声音开得很大。一开始，我还会和他说说话，只是不知道电视声音那么大，他有没有听见我说的话。唯一一次我确定他听见了我在和他说话，是他嫌我声音太大吵得他听不见电视的声音，斥责我不要那么大声说话的时候。我们最激烈的争吵起因都是：我跟他说话的时候，总以为他在听，但是几天或几周后，他却说我“从来没跟他说过”，一句话直接把我气疯了。后来我才意识到他从来就没有认真听过我所说的话——多年来他一直屏蔽着我的声音。

对于心理学家而言，“听到”和“听见”是有区别的。“听见”是指直接的听力，是一种神经心理学现象——一种对声音的感知能力，能以文字和语言的方式解读这些声音。我们要说的不是这种能力。显然，自恋者具备“听见”的能力，而且对他们来说重要的事，他们是能“听见”也能“听到”的。我们多数人都想当然地认为，当我们说话时，对方都在听，但对于自恋者而言，情况就不同了。

在与自恋者的爱情初期，如果假定你说话时他会认真倾听，可能会给你带来极大的困惑。因为你以为他在听，但是当他否认你说过的事时（可能最初他根本就没有听），你自然会感到困惑不已，感觉是自己“疯了”，同时感觉如此孤立无援。独角戏式的对话，说了却没人听到，或者别人只对你侃侃而谈，却没兴趣听你说，这类交谈都会让人感到寡然无味。最终感觉自己就像一个受控的发声板，让你发声时你才能发声。这个比喻常用来形容与自恋者的感情：只有在需要你时，你才有存在的意义（就像工具箱里的工具，用得着时才有用）。谁会听锤子或螺丝刀说的话？这些东西只有用的时候才会拿出来，不用的时候就只能静静躺在工具箱里。

### 危险信号：不擅倾听

注意感情初期你们的交谈情况。自恋者在恋爱初期可能会“扮演”成一个能言善道的人。他们总能提出有趣的问题，你也愿意回答。但是，他们的回应通常反映出他们根本没有听你说话，因为话题总是回到他们身上。他们可能会假意倾听，但做出的回应却显示出他们要么没有听到你说了什么，要么根本不在乎你说了什么。如果你和他的对话更像两条“平行线”——是两个人的独舞而不是共跳的华尔兹——你就要注意自己的心声了。没人愿意把生命浪费在白费口舌上。

## ◦ 内心脆弱

他一直傲慢自大，但是有一天他的“艺术”受到了批评，立刻就变得伤心低沉，整天心神恍惚。几天过去了，都没有从伤心失落中走出来。可悲的是，恰恰在这样的时候，我仿佛又看到当初我爱上的那个可爱的男孩。

了解了自恋者的一长串特质之后，内心脆弱似乎与自恋者的其他特质有些格格不入。由于大多数自恋者既自大又自负，当生活不如他们所愿时，就会表现得异常脆弱。如遭遇诸如失业之类的重创后，自恋者很难重新振作。这种情况下，他们不光是表面看着脆弱，内心也是真的脆弱。这种行为模式会让很多人畏惧——尤其是作为伴侣的你。当他们遇到困难或有失颜面之事后，他们就像变了一个人似的，好像是一个你觉得需要你帮助或安抚的人。一旦你习惯了他们的冷漠无情、傲慢自大，突然看到他们脆弱可怜的样子，可能会让你备感困惑。只是他们这种脆弱的样子是不会持久的。一旦黑暗时光过去，你那个沉浸于自我、控制欲强的伴侣就又回来了。

### 危险信号：内心脆弱

这可能是感情初期最难识别的特质之一，因为很难说他什么时候会表现出脆弱的一面。大多数处于新恋情中的人，都不会严厉指责一个遭受批评或得到坏消息时表现出脆弱的人。感情初期，注意观察你的伴侣遇到问题时，特别是受到指责时所做出的反应。如果你发现你那看似“自信”的伴侣面对批评或挫折时，表现出伤感、脆弱，需要他人安慰，把这样的情况记录下来。不得不说这一特质确实不易辨识，因为几乎所有人在面对批评指责时，都会变得脆弱或沮丧。当生活不如意时，你的伴侣是否很快就从一个自大自负的人变成一个灰心丧气、脆弱不堪的人？如果是，那就是一个重要信号。如果你最初遇到的自恋者正值他的脆弱期，那么等到他变回自负自大时，会让你更加困惑。一开始，你可能会把他的这种脆弱的行为模式误读为他对你的依赖和需要。遗憾的是，内心脆弱的危险信号通常只能逆向理解。

## ◎ 粗心大意

他会邀请同事或欣赏的人一起共进晚餐，而他们去的那家餐馆正是我渴望已久的地方；他会在出差结束时顺便在外度个周末，但从不邀请我，也不提前告诉我，等我接到电话时他已经在海边享受日光浴了。我也说不清，他究竟是健忘呢，还是粗鲁呢，抑或就是单纯地愚蠢。我不知告诉过他多少次，我因此而感到伤心，他每次都会认真道歉，然后继续明知故犯。就像电影《土拨鼠之日》[①] 里演的那样。

自恋者和精神病患者之间的关键区别在于，精神病患者伤害他人是出于无情，而自恋者伤害他人常常是出于粗心大意。显然，自恋者的粗心大意是缘于他们的自命不凡和缺乏同理心，但同时粗心也意味着缺乏关爱之心和“自我反省”的意识。懂得眷顾他人的人通常都会向前看，顾及自己的行为对他人产生的影响；有时他可能也会粗心大意，但他会反省，从中吸取教训。

粗心大意主要体现在忽视他人的感受。不回复你的信息，不解决你的问题，或者只是对你视而不见，这些虽然都是小问题，但是积累多了就是大问题。一次次的粗心大意如一个个沉重的砝码般累积起来，有时这种粗心大意带来的伤害比故意伤害更深刻。他的粗心大意是对你的存在或经历的否定。

自恋者的粗心大意可能是最令人困惑和最具破坏性的行为模式，因为粗心反映了一个人极度缺乏对他人的关心。粗心大意是一种习惯、一种欺凌他人的行为模式，而且很难改正。他们留下的烂摊子，总是

---

① 由哥伦比亚影业公司制作的奇幻片，讲述了气象播报员菲尔执行任务偶遇暴风雪后，停留在前一天却始终无法再前进一步，由此开始了他重复的人生的故事。（译者注）

由他人（包括你）来清理。感情的维系需要相互关心关爱，粗心大意只会慢慢侵蚀感情的灵魂。无休无止的粗心大意加道歉，这样的恶性循环早晚让人厌烦。

**危险信号：粗心大意**

约会迟到，不回电话，忘记履约，同时进行两个活动。恋爱初期就如此不体贴，足以看出他粗心大意行为模式的端倪。他有爱心吗？他交流时思想明确吗？他会预测你的反应或者询问你对某事的感受吗？粗心大意是成长早期形成的一种行为模式，粗心大意之人总会为自己辩解，将问题归结为心神不定、工作繁忙或误会误解。粗心大意会逐渐显现出来，相处的时间越久，越明显。应把自恋者的粗心大意作为一种内部警报系统，帮助你做好心理准备，因为这样的感情终将让你失望透顶。

## ○ 性感魅惑

他其实也没那么帅，也没那么性感，但是身上有一种非凡的气质。一开始他对我展现出性感魅惑的样子时，我以为他只会对我这样。但是时间久了，我发现他就是个性感魅惑的人，对谁都会施展他的性感魅惑。见到一个女人，他就对她挑眉弄眼、搔首弄姿——无论是面对面还是在社交媒体上，甚至发短信时都不失时机地卖弄风情。我因此和他吵过架，他才稍加收敛。有时我看到他在聚会上和别的女人打情骂俏，就好像我不存在似的，这让我感到深恶痛绝。后来我意识到这其实是他的本事，他只是充分利用了而已。

著名心理学家希欧多尔·米隆将自恋型人格障碍分为多个亚型，其中一种称为“多情”亚型，特征表现为性感魅惑，有强烈的表现欲。

许多自恋者（不分男女）把自己的性感魅惑当作工具一样进行利用——以达目的和引人注目。由于他们在交友过程中界限不清，又热衷成为他人关注的焦点，因此经常会施展自己的魅惑力，与他人过度调情。他们对外貌、虚荣和肤浅事物的追求都是形成这种行为模式的根源。恰恰正是他们的性感魅惑和强烈表现欲（“自我炫耀”）吸引了人们的注意力。就男人而言，主要表现在炫耀他帅气的脸庞和性感的身体，言语中带有暗示性；就女人来说，主要是通过把自己打扮得花枝招展，卖弄性感的身姿引起他人的注意。这种行为也必然能引起人们的注意，甚至兴奋，对于人们来说非常具有诱惑力。

### 危险信号：性感魅惑

他的衣着打扮大方得体还是华丽性感？注意观察他在穿着、言语和行为中是否具有暗示性或挑逗性。他性感魅惑的行为一般都是你在事后经过反思才能意识到的，因为恋爱期间，我们都会刻意打扮自己，展现自己最美的一面。

因此注意他平时的着装风格和各类场合中的表现。他是否存在言行和着装不合时宜的情况（例如，在孩子学校举办的活动中，或者严肃场合，穿着暴露或不得体的衣服）？恋爱中，人们通常是期待（和享受）由性感和调情带来的乐趣，但是当你的伴侣将性感魅惑作为一种生活方式，与他人过度调情、超越界限时，你就需要引起重视。

## 自恋也有千差万别

与所有“描述性标签”一样，“自恋”一词难以概括和捕捉到每个个体及其经历的细微差别。自恋人格与自恋型人格障碍看似一样，实则有差异。通过对自恋理论研究、临床诊断和实证研究发现，自恋又可分为多种亚型——这些亚型的“特质”其实就是前面所介绍的那些特质。

以下是最常见的“模式”。这些模式看似多变，甚至完全不同。这也是你遇到了两个病态自恋者，他们的行为以及带给你的感受都不相同的原因。每一种亚型都有一些关键特质，可以帮助你确定你身边是否有某种特定类型的自恋者。由于篇幅有限，在此无法将每一种关键特质都呈现出来，因此我的笔墨主要集中在自恋者最典型的特质方面。

## ○ 黑暗三人格型自恋者

这类自恋者普遍刻薄寡情。他们不仅不遵守道德和伦理规范，甚至有可能违反法律规范。这类人既危险又可怕。他们没有羞耻之心、愧疚之情，和他们在一起就是一种苦难，更何况和他们生活在一起的伴侣，有多痛苦就更不言而喻了。不幸的是，“黑暗三人格型自恋者”往往非常成功，他们违反法律或道德的行为主要表现为渎职（例如，伯尼·麦道夫）、性丑闻以及残忍无情。他们表面呈现的成功、权力和财富往往一开始很容易吸引异性，然而，当他们的感情结束时，早已将伴侣的内心伤得千疮百孔。黑暗三人格型自恋者为人们敲响了警钟，告诫人们如果经不住财富和权力的诱惑，就要付出惨痛的代价。

**主要特质**

自大自负、自命不凡、操控他人、零同理心、易怒易躁、疑神疑鬼、无愧疚感、嫉妒心强、渴求认可、撒谎成性、冷漠无情、逃避责任、爱慕虚荣、控制欲强、不可预测、利用他人、界限不清、不忠不诚、不善倾听、粗心大意、性感魅惑。

## ○ 控制型自恋者

自恋者通常受天性所控，但也有许多自恋者是自由的。控制型自恋者是指始终力图控制他人的自恋者，只扫自家门前雪，哪管他人瓦上霜，缺乏同理心和关爱之心。他们会把这种高度控制的角色带入工作中，期望所有的一切和每个人都“平安无事”。他们一旦得权，就是暴君或典型的“工作狂”。他们对单位的规定、职员的衣着以及公众形象都有严格要求。强大的控制欲和对规矩的过度要求让人有种备受强迫的感觉。他们这种病态控制欲也会给孩子带来伤害，要求孩子们在各方面都要做到完美极致，既要心怀大志还要出类拔萃，却从不会给予家长应有的支持、热情、关注或同理心。有意思的是，控制型自恋者一般不太可能出轨，因为他们太执念于“事情应有的样子”。如果对婚姻忠诚是他们道德理念的一部分，他们可能就不会出轨。

恋爱初期，控制型自恋者常会让自己的伴侣感到困惑，因为凡事他们总是“过度投入”。他们会热切关注你的一切：穿着、工作或行踪，给你提出各种意见——如果他们有资源，就会按照他们的意愿来“打造”你。这感觉就像《卖花女》或《窈窕淑女》[1] 里的女主角一

① 华纳兄弟影业于1964年出品的歌舞片，由乔治·库克执导，改编自萧伯纳的戏剧剧作《卖花女》（Pygmalion），讲述下层阶级的卖花女被中产阶层语言学教授改造成优雅贵妇的故事。（译者注）

样跟着新欢一起买衣服、珠宝和饰品（而且很容易陷入《风月俏佳人》[①]般的幻想，成为某人的装扮娃娃）。我们的生活和媒体从文化上强化了对这种形式的关注，因此在情感初期，常被理解为浪漫和激情的体现。随着感情的深入，这种过度关注就演变成随时需要知道你和谁在一起，你在哪里，以及对性生活、交友和生活方式的要求——而且都要以他们的日程安排为基础——慢慢你会发现自己的生活不像“风月俏佳人”，而更像一部“恐怖大片”。这是一种潜移默化且令人窒息的行为，他们从表面上看似乎非常关注“细节”（但很少真正听你说话），待你意识到自己已经成为他们生活中的道具时，就很难抽身而出。

**主要特质**

自大自负、自命不凡、操控他人、零同理心、易躁易怒、疑神疑鬼、极度敏感、善妒善嫉、渴求认可、哗众取宠、爱慕虚荣、控制欲强、不可预测、害怕独处、不善倾听。

## ○ 脆弱型自恋者

这是一个有趣的群体，从某种程度上说也是最具挑战性的群体，因为乍一看，这类人不像典型的自恋型人格障碍患者。艾尔莎·朗宁斯坦（Elsa Ronningstam）是哈佛医学院麦克莱恩医院[②]的心理医

① 由盖瑞·马歇尔执导的爱情片，1990年在美国上映。该片讲述了外表潇洒迷人的富商爱德华到洛杉矶谈一桩生意，因迷路偶遇妓女薇薇安，并雇佣薇薇安作为为期一周出席交际活动的女伴，两人之间所发生的爱情故事。

② 哈佛医学院里最大的精神病教学医院，在精神病护理、科研、教学方面世界领先。（译者注）

生及临床副教授［著有《识别和解读自恋人格》（*Identifying and Understanding the Narcissistic Personality*）一书］，是研究自恋型人格障碍的国际权威专家之一。她很专业地划分出一个自恋亚群，称为“羞怯型自恋者”，其是指在人际交往和职业发展中存在障碍的自恋者。通常情况下，他们看起来有点害怯，不喜社交，与他们所从事的职业特征不相符。他们通常更加敏感、更加脆弱，不善社交，害怕出丑。这类自恋者常处于自我批评之中，害怕失败。同时，他们又对来自他人的批评异常敏感。由于他们生性害羞，怯于与他人主动沟通，因而时常感到孤单——渴望与其他人建立联系。

如果他们的人格特征仅此而已，那么令人厌恶的自恋人格又从何而见呢？他们既不自大自负，也不自命不凡——并不具备自恋者明显的特质。实际上，他们往往认识肤浅、冷淡漠然，嫉妒心强、不善交际、不懂照顾他人。他们虽然没有给人留下“尖酸刻薄”或不友善的印象，但是他们依然缺乏同理心，不懂识别他人的需要，也不知如何回应他人。

羞怯型自恋者的行为模式很难辨识。即使经验丰富的心理学家和精神病医生可能也需要观察一段时间才能做出诊断（这种类型的自恋与抑郁症极其相似）。如果你的伴侣属于羞怯型自恋者，一开始你可能难以识别，但是时间久了，就会发现他表现出的绝对孤僻、淡漠以及鲜于与人交际的行为模式。他可能经常表现得灰心丧气，偶尔会对积极的反馈做出回应，但总的来说，经常自我批评、心神不宁或垂头丧气。他们就像一堆厚厚的乌云，笼罩着你的生活。

主要特质

时而缺乏同理性、极度敏感、外向投射、冷漠无情，时而妒忌心强、脆弱不堪、粗心大意。

## ○ 疏忽型自恋者

自恋的所有亚型都具有这种特征（除了控制型自恋者，但是控制型自恋者可能也会疏忽你的愿望和抱负）。疏忽型自恋者往往随着时间的推移变本加厉。他们喜欢结交新朋友，感受新体验，但是很快就会厌烦。感情之初，他们可能还比较投入，然而一旦拥有，感到乏味了，又会寻找新的目标。他们不忠不诚，粗心大意，独享其乐（甚至做出一些越界行为或其他不当行为），被你发现后假意道歉，暂且顾及你的感受，有选择性地告诉你一些你不在时他们所做的事。

由于他不能（也不想）维持恋爱初期时的那种投入，一旦开始对感情疏忽大意，对伴侣来说都是难以接受的。他们喜怒无常，时而对你大献殷勤，时而在外寻欢作乐。如果你的伴侣是这样一个人，你会发现，他经常出差，而且一走就是一周，把你和孩子留在家里；回来后紧接着就和朋友出去打高尔夫球。这就是自恋者粗心大意又令人沮丧的行为模式。从这种模式中可以看出，对于自恋的他而言，你不过是生活中的一个物体，只有在你有用或能带给他快乐时才会想起你，一旦有更有趣的新鲜事物出现，就会把你抛到脑后。你能从这样的模式中感受到认知否定和外向投射，所以当你指责他的所作所为时，他要么采取自我防卫的策略，把你描绘成神经质，要么自我检讨或者自我批评，说自己如何不够好，如何配不上你（这是他们屡试不爽的伎俩，让你感受到他们的脆弱，反过来需要你的安慰）。

## 主要特征

自命不凡、缺乏同理心、渴求认可、撒谎成性、外向投射、认知否定、冷漠无情、吝啬小气、逃避责任、不可预测、利用他人、不善倾听、粗心大意。

自恋可表现出复杂的特征和行为模式。如你所见，有些特质单独出现并不能说明什么，但同时具有多种特征，就极具挑战性了。希望通过阅读本章，你对自恋者最常见的特质、行为模式能有清晰的认识。注意，如果你的伴侣符合清单中的 15 条及以上特征，那么说明你的伴侣很有可能就是一名自恋者。或许你很久以前就意识到他有些“不太对劲”，并已经在感情中挣扎过一段时间。如果你的伴侣真的是一个自恋者，你一定想不明白自己当初是如何爱上这个人的。不要自责。每天都有无数聪明且成功的人陷入与自恋者的恋情。为什么？因为自恋者天生就具有迷人的气质，自带光环。从表面上看，他们通常就是屋子里那个“最佳恋爱对象”。我们将在下一章中探讨那些最初吸引你的诱人特质，帮助你清楚地了解自己对哪些类型的性格缺乏抵抗力。了解了自恋者的这些特征如此引人着迷的原因，你就能更好地处理目前的感情，或者避免再次被这些特质和行为模式所捕获。

SHOULD

I STAY OR

SHOULD

I GO?

第 *4* 章

# 缘何深陷其中？

那些爱上伤害自己却又难以自拔的人，往往是最可怜之人。

——赫尔曼·黑塞[①]

一旦感情陷入困境，爱情也就失去了意义，你会不断自问：

我是怎么落到如此地步的？

我当初是怎么选的？

我当时是怎么想的？

无须如此自责。自恋者的确有吸引力，也善于吸引他人。生活中，我们难免什么时候就被自恋者吸引住了。

因此，没有必要为此悲观消沉。回顾自恋者清单中的特质，你会发现里面唯一缺失的特质就是他们在哄骗人时说的那些自己的优点。当然，清单中的特质也并不完全清晰或正确，否则大多数人就不会卷入自恋者的伤害中。虽然这些危险信号、自恋特质都很强大（事后来看一切都说得通），但“诱惑”特质更强大。这些诱惑性特征阻碍了我们发现危险信号的能力，直击我们的脆弱性和自尊心，导致我们陷得太深，难以自拔。

## 诱惑性特点

与自恋者初次见面时，正是这些诱惑性特点深深地吸引了你。想一想：遇到新朋友时，通常哪些方面最吸引你？明确了自恋者，尤其

① 德国作家，诗人。1946 年获诺贝尔文学奖。作品多以小市民生活为题材，表现对过去时代的留恋，也反映了同时期人们的一些绝望心情。主要作品有《彼得·卡门青》《荒原狼》《东方之旅》《玻璃球游戏》等。（译者注）

在情感初期显现的特点，不难看出这些吸引你的特点都如“给猪涂口红”，好看不中用。自恋者富有“磁性”的特点主要有：

▶“感情”方面的专家；

▶魅力四射，迷人自信；

▶聪明智慧，见多识广；

▶风度翩翩，气宇轩昂；

▶朝气蓬勃，独具匠心；

▶能言善辩；

▶品味不凡；

▶雄才大略。

英国哈特伯瑞学院的研究员凯莉·哈斯拉姆（Carrie Haslam）和塔玛拉·蒙特罗斯（Tamara Montrose）在《人格与个体差异》期刊上发表了一篇题为“你应该了解的：受自恋人格吸引，与自恋者交往并结婚的后果”（The impact of mating experience and the desire for marriage upon attraction to the narcissistic personality）的文章。他们通过文章阐明“自恋型男性不可能成为给你带来幸福的好伴侣”。因为自恋型男性普遍控制欲强、玩世不恭、不忠不诚，基本不能从一而终。短期来看，自恋型男性的优势，特别是其较高的地位和拥有的丰富资源使他们在相识初期的确别具魅力。

更可悲的是，哈斯拉姆和蒙特罗斯还发现，想要结婚的女人比不想结婚的女人更容易迷恋具有自恋人格的人，同时也更容易吸引自恋者。因此，吸引女人的恰恰是那些无法从一而终的男人，也是那些一开始追求她们的男人。自恋者的特质，如事业成功、位高权重以及隐性地位，能够吸引那些有婚姻意愿的女性，即使他们的黑暗特质在交往过程中已经显现出来，她们都视而不见（或许是不愿看见）——因此他们的婚姻不可能幸福美满、互敬互爱。如哈斯拉姆和蒙特罗斯所述：“自恋型男性虽然不是块结婚的好料，但是细心点就能看出他们会装出诚心结婚的样子。”感情中，无论女人还是男人都需要克制自己：克制自己不要只盯着那个表面光鲜、魅力四射、高傲“性感”的家伙，那个坐在角落安安静静、有点不修边幅的人可能更适合你；克制自己不要把所有的注意力都集中在那个万人瞩目的女人身上，那个面带恬静的微笑、心地善良的女士更能给你带来幸福。

你可能还记得上一章中列出并定义了自恋者的诸多“问题”特质，最终都回归到同一个问题上：自恋者脆弱的自我、扭曲的自尊、渴求他人认可的心理。上面列出的特质根源相同——自恋者只重外在世界，因为他们没有内在世界。若要寻求外在世界的认可，又怎能少了吸引他人的诱饵？拥有光彩的外表或个人魅力是获得“外部”认可的有效途径，也是一条便捷的心理捷径。自恋之人擅长精准评估形势，能够在短时间内使自己的需求得到满足。做到这一点，需要具备“掌控全局”的能力，同时需要具备诸如魅力无穷等特质。最主要的是，起码就男人而言，自恋型男人更能激起你与之交往的渴望。这是一个危险的悖论：最有可能吸引你的特质就是最终会导致你毁灭的特质。自恋型人格就如引来飞蛾的火焰一般，终会将飞蛾置于火海。

## ○ 遵循“爱情法则”——赢得爱情

这也是你最终深陷目前这种境地的原因之一。旨在帮助人们寻找爱情的书，市面上少说也有十几本，书名中都少不了“法则”这两个字。从灰姑娘开始（留下一只鞋，让他努力找到你）就有了各种各样的“爱情法则”。

“爱情法则”的基本前提其实很简单。由于99%的爱情法则都是针对女性的，所以我要阐述的“爱情法则”也适用于女性。

▶男士主动；

▶欲擒故纵；

▶切勿过于依恋于他；

▶时而高冷时而热情。

如果爱情中是他主动，爱情成功的概率更大，他也更有可能对你从一而终。爱情法则中还包括以下几条子规则：坚持/允许让他请你吃饭，给你买礼物；不要在第一次约会时发生性关系；不要急着主动与他联系，等他打电话约你。

当然这样做，又会让你产生焦虑：我究竟要过多久才给他打电话/发信息呢？我是真心喜欢他，想对他说声谢谢，但那样的话就显得我太主动了。约会三次以后，我应该继续表现得高冷不屑还是友好热情一些？爱情就是一场游戏，一大批教人约会的爱情大师如一个个救世主一样，告诉你爱情实际上就是一场游戏，因此要遵守游戏规则。当然，通过“竞赛”赢得自己的生活伴侣，的确能给人带来骄傲自豪之感。那么我们再来看看自恋者是如何应对这些爱情法则的。

这些爱情法则尤其适合自恋者，因为自恋者就喜欢争强好胜。爱情中他们只要主动就意味着胜利。自恋者在爱情中主动“熟悉”的过程，略过了深层相互了解的过程，没有亲密接触，没有同理心，更没有真情互动，有的只是把爱情变成一场肤浅的表演（这正是自恋者之所长）。自恋者对这种爱情法则倒是乐此不疲，因为他精于谋划，志在必赢；而被自恋者追求的对象也喜欢这些法则，因为她通过心理操纵和一些小花招——如欲擒故纵——就能赢得爱慕（花钱买的爱情法则指南书也算是物有所值了）。此外，多数自恋者位高权重，富贵荣华，能够按照这些爱情法则出牌（有能力进出高档餐厅，买得起高级礼物，开得起豪车，穿得起奢华服装），确实是一个完美的“恋爱对象”。这些爱情法则对于自恋者来说还有一个内在优势，根据法则被追求者（通常是女人）每隔一段时间就会与自恋者失联几天，这正中自恋者下怀，因为他本就自由闲散，正好可以不用时时费心费力，反而最终能赢得美人的芳心。

“欲擒故纵”的爱情法则拉长了自恋者保持友善的时间。他们不会轻易忽视你（因为还是想要得到你），而是专注于最后的胜利，因此一开始还是显得对你很在意、很关爱（但不要误以为这就是他对爱情的专情或对你的专情）。但是这种爱情法则将为你带来严重的结果。因为不可避免的事情终究要发生，迟来未必是好事。

当游戏结束，你已经和这个自恋者成为恋人了，该怎么办？当你透过红酒杯注视他很久后，他才放下手机想起你的存在时，你有什么样的感受呢？

恋爱中始终让他“主动”的法则，使你失去了尽早发现自恋者漠不关心的行为模式的良机，待你意识到时，已深陷其中难以抽身。该发生的终会发生，只是因为这些爱情法则推延了而已。如果你自己头脑清晰——不会在感情中迷失自己，该主动时就主动，浓情蜜意时就去享受，但不要被爱情中那些新开的酒吧、高级餐厅、夜总会、礼物、头等舱等蒙蔽双眼——这样你才有可能发现对方的问题行为模式，如自大自负、缺乏同理心、自命不凡、冷漠无情，及早发现问题，才能尽早退出，减少对自己的伤害。

“游戏”和“法则”的吸引力强大，以至于让你忽视了那个你想要争取的人的本质。他们越是难以得到，你就越想努力得到，几乎不考虑他自恋的人格，忽视他所有的伪装，任由他一步一步地把一个感情真挚的伴侣变成他权谋诈术中的棋子。恋爱初期，游戏可能是一种调情的手段，能为爱情带来乐趣，但是到了面对抚养孩子、料理家庭琐事的压力，开启现实中的生活时，游戏就没有那么有趣了。玩“游戏”时，最具挑战性的部分就是继续下去——一旦你定下了游戏基调，便陷入其中。你真的愿意用你的余生去玩欲擒故纵这个游戏吗？不要把恋爱变成一场游戏，如果你用游戏当作诱饵，是钓不到你想要的爱情的。

## ◦ 3C 特质：魅力四射（charismatic）、玉树临风（charming）、过于自信（confident）

我们是在一个户外音乐节上认识的。当时我还是单身，爱玩，享受那种受人瞩目的感觉。他英俊潇洒，成功有为，能言善道，但是有点腼腆。我们一见钟情，一起共度了整个音乐节。和他在一起我感到轻松自在，不过显然喜欢他的人也很多。不管他走到哪里，总是大家关注的焦点，一开始我还引以为豪。但是久而久之，我发现一切都是以他为中心。与一群人共进晚餐时，感觉就像是他的主场表演——人人都在听他讲他的生活故事。他的这种魅力起初很有吸引力，但随着时间的推移，对于爱情而言只有魅力显然绝对不够。

自恋者的 3C 特质——魅力、迷人和自信——是他们经过多年的磨炼形成的，具有磁性也是最吸引人的特质。具有自恋人格的人从小就懂得，他人的认可实际上比真实的自我更重要，因此他们将所有的精力都投到了发展他人所能看到的特质和品质上，而不是发展自我意识上。因此，具有自恋人格的人深悉自己要做什么、自己在意什么——这可以从他们接受的高等教育、特定领域（例如音乐、体育、艺术）高深的知识中体现出来，他们愿意、也有能力与他人分享这些知识。我们大多数人都尊重知识渊博之人，想当然地认为聪明智慧的人必然能行善事。约翰和瑞秋的故事中，约翰的 3C 特质非常突出，也正是这些特质把瑞秋引入困境。玉树临风之人性感魅惑，魅力四射之人引人注目，过于自信之人予人舒心感。

3C 特质内化于一个内心世界和外在世界全面成熟的人是最理想的情况。许多玉树临风、魅力四射、过于自信之人都是聪慧、有深度、性格开朗、具有同理心，而且内心善良之人。但是仅有玉树临风、魅力四射、过于自信这些特质是不够的；这些特质还需要深度和内涵为依托。我们容易被这些特质所吸引，这是情理之中，但是一段感情中，从敞开心扉到陷入恋情，同时还要保持清晰的自我意识是极富挑战性的，丝毫不亚于赤脚走钢丝。

## ○ 自恋者聪明有才

他是我见过的最聪明的男人，而我也是一个非常聪明的女人。他博览群书，白手起家，能说会道，事业有成。不得不承认，我很早就发现他身上显现出了一些自恋者的危险信号，如控制欲强，但是他的聪明才智、幽默风趣，让我坚持留在了他的身边。不幸的是，他非常傲慢无礼，有时他说的话让人们（其中也包括我）备感受侮。他处处居高临下，这对我们的孩子也带来了伤害。有时，我感觉他的聪明才智更像一件伤人的武器。

聪明才智实际上是一个复杂的概念。听到这个名词，大多数人都会联想到那些常被称之为“书呆子”的人——他们知识渊博，受过高等教育，能与其他受过良好教育和聪明有才的人谈经论典。不过，这只是聪明才智的一部分，聪明才智还表现在特定领域内的专业知识和兴趣爱好，如法律、钓鱼或艺术。聪明智慧也是一种具有潜在“危险”的特质，因为一个聪明的人很清楚如何从他人那里得到想要的东西，凡事比他人更具预知能力。一个人的聪明才智总能给人留下深刻的第一印象，聪明有才之人过于自信，这又是一种极具吸引力的特质。那么聪明才智究竟意味着什么？性感魅惑。

自恋者聪明有才，这也是他们总能如愿以偿的原因。他们不惜花费大量时间获取某一领域的知识或接受高等教育。在我们的文化中，人们普遍认为一个人的聪明才华和成就成绩是最具吸引力的特质。一个人的聪明才智从交往之初就具有诱惑力。和一个事业有成、聪明有才华的人在一起，你就能想象出他将为你们未来的家/家庭做出多大的经济贡献；与这样的人交流也是愉悦有内涵的。不幸的是，一旦你真正了解了自恋者，你们的交流可能就没有你想象的那样愉悦有内涵了。因为他们太自我，与他们的交流根本不是你和他之间的交流，而是视你为空气的交流或者只是他针对你的交流。

采访中，当我问及是什么使他们陷入与自恋者的恋情时，许多人都强调了是自恋者的聪明才智吸引了他们。自恋者的聪明才智如一件坚固的盔甲。一开始，这件盔甲让自恋者们更具魅力，也有助于自恋者保持长期有趣的恋情，但是这层盔甲也彰显了自恋者的傲慢自大。时间久了，你会发现他们因为自己的聪明才智和渊博知识而冷淡漠然、难以相处，甚至他们将自己的聪明才智作为武器，侮辱作为伴侣的你。

我们通常以为智力和智慧是一样的——实则不然。聪明才智是不可能在扣篮的短暂瞬间转化为智慧或同理心的。

## ○ 自恋者外表光鲜

通常情况下，与人初次见面时，最先吸引我们的往往是一个人的外表。自恋者极度看重外表，始终让自己保持衣着讲究、身形优美、皮肤光滑、发型帅气，最大限度地让自己看上去气宇不凡，以吸引他人的目光。他们可能不是天生丽质，但定会穷尽所有把自己打扮得美如冠玉 。如果他们天生丽质，反倒是一种诅咒，因为他们从小便知美丽的外表是打开各扇大门的捷径。如果一个人意识到光鲜的外表能让自己左右逢源，便会滋生常现于自恋行为中的肤浅思想；此外，外表光彩的人易成为自恋者倾心的“目标”，以满足自己的虚荣。我们谈论这些危险信号时，自恋者爱慕虚荣的特质便突显出来，因为大部分自恋者对自己的外表向来郑重其事，主要表现在衣着高档华贵，发型一丝不乱，身形结实健美，为了美貌甚至不惜整形整容。

精神病学家亚历山大·洛温研究了外在形象在自恋中的作用。外表美与感觉美截然不同，洛温对此进行了详细区分。我们的文化崇尚外表美，减肥、健身和去皱之风盛行，无视内心是否安宁或幸福。洛温认为，自恋者通过对外表过度修饰（例如去皱、丰胸、减肥）来掩饰他们内心的担忧或焦虑，好像生活和外表是平行不相交似的。对于自恋者而言，爱慕虚荣不仅仅体现在对外表的追求，更是对自己真实生活、真实感受的否定。美能够吸引我们的眼球，但是美更容易蒙蔽我们双眼，让我们忽视隐藏在美丽背后的本质。但凡以貌取胜的人，都不堪一击。

然而，外表美的确是交往初期吸引他人的关键因素。一群人中，最美丽的那个通常都是众人目光的焦点。我所接触过的自恋者，大都外表光彩动人。也正因为他们美丽的外表，即使行为不良也极易得到他们的伴侣乃至整个世界的原谅。但是时间久了，把世界上所有的美丽全部加起来也无法弥补与自恋者恋爱时所经受的冷酷现实。但是外表美在恋爱初期就是一种诱饵，诱惑力强大。大多数人都承认，正是自恋者这种外表美的特质，深深吸引了自己并最终选择留在他们的身边。

## ◎ 表演激情四射、富有创意

当人们反思如何卷入与自恋者的感情困境时，通常都会想到一个问题："一个缺乏自尊的人，为何表面如此自信？"这就要从自恋者自大自负的特质说起。他们善于表演作秀：幕布拉开，他便上场，扮演一个"看似自信"的角色。正如一个好演员能够挑战任何角色一样，自恋者就是一个好演员，他们与我们不同，展现给他人的一面与其内心的真实感受常常相互矛盾。当我们不自信时，表现出来的行为也不自信，因为我们的内心世界是对外界感受的反应。自恋者并非如此——他们擅长隐藏自己的弱点，喜欢装腔作势。

为写本书我进行了大量采访，同时给我的客户去信，都问到了这样一个问题，即"他们遇到自恋伴侣的经过"，以及自恋者最初吸引他们的关键因素。在采访和回信中，我发现两个突出的共性："自恋者都非常有吸引力"和"都对自己的工作或从事的艺术充满激情，富有创造力"。如果人们对自己的工作或爱好充满激情或热情时，脸上都会泛着光芒 。与这样的人在一起，你会情不自禁地被他们的激情和热情所感染，又怎能不为他们动心？实事求是地说，不是每个人都能对自己的工作充满热情——很多人都只是本着做一天和尚撞一天钟的态度，为了那一点可以糊口的薪水而工作。遇到一个对工作、爱好或事业充满激情的人，自然会让人热血沸腾，甚至点燃自己的热情和激情。因此，充满激情的伴侣就像缪斯女神一般，能够激发你的灵感。通常情况下，一个对兴趣爱好或工作充满激情的人也是一个有深度的人，这种深度也反映出他在人际关系、情感和洞察力方面的深度。遇到一个对自己的工作充满激情的人固然是好，但是激动之余也要花些时间观察，他的激情和热情是否只是限于工作和兴趣、爱好之中。

## ○ 能言善道

有的人说起话来“口若悬河”，时不时舌灿莲花，非常“善于言辞”。能言善道也是一种个人魅力，能言善道的人更懂得如何赞美他人，如何提出得体的问题。他们知识渊博，谈天论地信手拈来。能言善道的人一开口便能引人入胜，让你如痴如醉，难以自拔。是不是每个自恋者都能言善道？并非如此。但能言善道的确是自恋者的特质之一，他们充满魅力，令人痴迷，许多人不禁反思自己是如何深受吸引并长此以往地沉迷其中。许多接受我采访的人事后都感到：一开始伴侣能言善道的特质的确吸引了他们，但时间久了他们也发现，听他说话更像是在听讲座或 TED 演讲①，自己根本没有机会参与到对话之中。

① TED 指technology, entertainment, design 在英语中的缩写，即技术、娱乐、设计，是美国的一家私有非营利性机构。该机构以它组织的TED 大会著称，这个会议的宗旨是“值得传播的创意”。（译者注）

## ○ 你用的什么品牌？

我们现在生活在一个所谓的“品牌”世界里——品牌通常是以我们拥有财产的多少、居住区的豪华程度、去过的地方、成就的大小来定义的。品牌有多种变量，包括你所开小汽车的类型，你所住区域的地理位置，你所就读大学的声望，你所从事的职业或职称的高低，你所收获奖励的情况，你所去地方的多少以及你的家庭状况。品牌变量还可以指引人瞩目的事、哈佛大学的学位或律师合伙人身份、奢侈豪华的家、高档体面的生活区、私人游艇或海边度假屋、鼓鼓的钱包、玛莎拉蒂小汽车。情感初期，有了这些“品牌”变量，即使行为不良，也总能轻易得到人们的原谅。品牌具有强大的“磁力”，能够吸引他人，也能给自恋者添姿加彩。他们靠着品牌的神奇力量为所欲为。

我们国家的许多求爱仪式都是建立在“品牌”基础之上的。大多数相亲网站和爱情法典都对爱情进行了量化，主要考量外部特征或要求，比如工作、薪水、住所、宗教信仰、身高、体重、爱好以及眼睛的颜色。相亲网站、Tinder 交友软件以及社交媒体是不会考虑人的感受的，也不考虑这个人是否有同理心、内心世界如何等因素。自恋者天生内心世界匮乏，因此在现今这个注重外在条件的世界里，他们活得如鱼得水。待到人们清醒过来，意识到自恋伴侣的空虚、无视、冷漠、高傲以及无情时，通常已为时过晚，深陷其中难以自拔，最终一步步摧毁自己。或许你已经习惯自恋者带给你的物质享受，因此难以割舍。

我们的生活中以及对社会的期许中也融入了品牌意识，对于人际关系的叙述通常集中在外在属性上：他是做什么的，去过哪些地方，长得怎么样。如果你带回家的是一个表面成功、有经济实力或魅力四射的男朋友或女朋友，你的家人和朋友通常很快便能“接受”。相比之下，如果你带回家的是一个没身份没地位，也没有什么“品牌”的男朋友或女朋友，即使他善良、温柔、尊重他人，也未必能轻易得到亲友的认可。我经常和同事开一个玩笑，如果电影《五十度灰》[①]中的男主角是一个没有工作、生活在母亲地下室的家伙，那么她就不会如此堕落，也不至于最终上吊自杀。

## ○ 会见巫师……

具有自恋人格的人都是总指挥——富有表演天赋，充满灵感。一般人很容易被他们的个人魅力和远见卓识所倾倒，感觉他们有点像邪教领导人（邪教领导人通常都是出了名的自恋者，他们利用自己的形象、魅力、激情和远见卓识吸引一大群人，进而从精神上控制他们）。乔·纳瓦罗在《危险人格》一书中介绍了邪教领导的特点，他们在大舞台上大规模施加个人影响时，活脱脱一个自恋者形象。当看到邪教领导者和总指挥，如吉姆·琼斯[②]（圭亚那悲剧）、马歇尔·阿普尔

---

① 由萨姆·泰勒-约翰逊执导的一部爱情电影，根据英国女性作家E.L.詹姆丝所写的同名小说改编，于2015年在美国上映。（译者注）

② 美国公民，原是一名基督教牧师。1953年，22岁的琼斯终于在北新泽西街建起了一座小教堂，取名“国民公共教堂”，其自任牧师。据说去这所教堂的尽是些贫穷无助的可怜人。这个默默无闻的教会团体最终发展成著名的“人民圣殿教”。1978年11月18日，“人民圣殿教”教主吉姆·琼斯胁迫900多名信徒集体服毒自杀，随后开枪自杀身亡。（译者注）

怀特（天堂之门[①]）、沃伦·杰夫斯[②]（一夫多妻制邪教领导人）和比克拉姆·乔杜里[③]［比克拉姆瑜伽（也称高温瑜伽）的传播者］，你会发现他们吸引信徒误入歧途的特质俨然就是自恋者身上的特质：自大自负，傲慢无礼，强大的控制欲。此外，他们还通过实施性行为，提供“神奇”解决方案，广传自己是天择之人、特殊之人来施加自己的影响力。正是这些人所谓的“远见卓识”诱导人们落入邪教领导人的核心圈，最终毁掉自己的生命。更有甚者，被这些邪教洗脑的受害者们如果没有按照邪教领导的意愿行事，竟然会感到“内疚”或被视为“忘恩负义”。

虽然大多数病态自恋者不是什么邪教领导人，但是他们富有远见卓识，这种神奇的力量总能吸引一些人落入陷阱。和一个不断自称卓尔不群的人在一起，会让你觉得自己也卓尔不群。

## 老剧本

你如何陷入与自恋者的恋情故事早在你遇见他之前就开始了。我

---

① 这个邪教组织1975年由美国人马歇尔·阿普尔怀特在美国俄勒冈创立。该门的教徒认为，地球和地球上的一切都将“循环”至彻底清零的状态。他们还相信，搭乘1997年3月的海尔—波普彗星能让他们逃过一劫，生存下来。最后，该教的39名教徒在加利福尼亚的一座大楼内轮流服毒身亡，去世时穿着耐克的运动鞋，戴有臂章，上面写着“天堂之门客队”。（译者注）

② 杰夫斯执掌的“摩门教末世圣徒教会”在北美地区约有1万名信徒，原隶属于美国摩门教，是美国实行一夫多妻制的最大教派之一。该教会宣扬的“年长男子必须至少和3名年轻女孩结合才能上天堂”的教义受到摩门教主流的谴责。（译者注）

③ 高温瑜伽鼻祖——比克拉姆，在被捧上瑜伽神坛之外，也是披着瑜伽外衣的性侵犯。（译者注）

们选择爱人或者迷恋一个人时，其实是激活了一个个老剧本和主旋律。通过对病人的了解以及所做的采访，我总结出绝大多数陷入与自恋者感情漩涡的人，其父母中至少有一个是自恋者。有一个自恋的父亲或母亲，容易形成一种被一些人称之为“共同自恋”的现象。艾伦·拉普波特将这种现象描述为适应和支持另一个人自恋模式的无意识行为。他认为，这种行为模式始于儿童时期，因为孩子必须为了适应自恋父母的行为模式调整自己的行为模式。

自恋父母是不会为了孩子而改变自己的行为模式的，他们只是把孩子看作用于满足他自恋需要的对象。自恋的父母遇到自己喜欢的事就会放纵自我、沉浸其中，而对自己不喜欢的事则不闻不问，完全没有兴趣。生活在这种家庭中的孩子通常认为生活是不可预知的，只要父母“不高兴”或者心烦意乱时，就会想方设法取悦他们。如果你是在这样的环境中长大的，你早早就明白只有做了符合父母意愿或需要的事，自己才有存在的价值。这可能是一种混乱的成长方式，因为你从小就将自恋行为列为“正常”现象，因此一旦你陷入与自恋者的恋情，总能一忍再忍。有人甚至会说，父母是自恋者的人有可能会刻意寻找自恋者作为伴侣。

如果你正处于与自恋者的感情关系中，很可能是因为你曾有一个自恋的父母，或者你小时候曾为了得到父母的关注、尊重或关爱，必须想方设法打动他们。你从小就知道如何取悦他们，如何满足他人的需要，因为父母或其他重要监护人的缘由而否定自己的需要。你对自恋行为，甚至是扭曲自恋，越来越熟悉，甚至能够欣然接受。

此外，自恋者伴侣反复提到的一个主旋律就是“自尊”——他们认为只有自卑的人才会选择或留在自恋者身边。实际并非如此。首先，自尊并非一个人的全部。自尊这个术语很难用一两句话解释，所包含的内容很丰富。有些“自尊强大”的人虽然喜欢夸大其词、虚张声势，但是却缺乏洞察力或自我意识。（当然，依照我们现代的育儿文化，每个孩子都有奖杯拿、保证不让任何一个孩子失望的理念，恰恰造就了孩子们华而不实的自尊。）那些自卑的人一般不太可能在众人面前耀武扬威，高谈阔论自己的成就，在社会交往中通常持小心谨慎的态度。所以这些“自卑”的人更能够忍受自恋型伴侣的粗心大意和冷淡漠视，也不会轻易选择退出离开，因为这些自卑的人更懂得自我反省，对待自恋型伴侣更细心周到、宽容大度，只是在外人眼里，他们更像一个受气包。

这样的感情模式比较复杂，有时也可能是自己的怜悯之心等特质使自己落入了自恋者的陷阱。仅用“自卑”来解释自己与自恋者的关系未免有些过于简单。我个人认为，多数情况下，那些选择自恋伴侣的人往往不太了解自己作为一个人的内在价值（这可能与他们的家族历史或生活经历有关），不过其他因素，如文化、宗教、社会压力和期望，也是让他们选择自恋者的原因。

## 神秘的化学反应

神秘的“化学反应”不仅可以解释为什么有的人一开始就会陷入与自恋者的感情，也可以解释这样的恋情为什么能够持续下去。但从某些方面来说，这样的解释又不合乎道理。如果你把手放在热炉子上，就会烫伤。因此，以后你再也不会把手放在热炉子上了。但是这样简单的教训似乎不适用于与自恋者的恋情；尽管屡次被烧伤，你还是会把手放在热炉子上。

化学反应既是一个现代术语，又是一个传统术语，经常用于爱情关系的描述中。打开一本杂志、一个爱情网站，或者任何形式的媒体，标题都是关于如何在感情中寻找化学反应、保持化学反应，或创造化学反应的内容。化学反应富有魔法和魔力——诗歌、文学、音乐和电影从未停止过对人类爱情火花的歌颂。有了化学反应和“魔力”，就能够走遍世界、勇于冒险、颠覆自己的世界。

《求偶游戏》的作者、著名情感学家帕梅拉·里根（Pamela Regan）博士通过观察发现，相互吸引的原理其实很简单：我们所谓的“化学反应”实际上指的就是“熟悉感”。我们天生就喜欢熟悉的东西而不喜欢陌生的东西（熟悉 = 安全，陌生 = 恐惧）。正是这个原因，我们在感情中反复犯同样的错误。如果你曾经生活的家庭中，每天都需要你努力争取才能获得父母的些许关爱，那么今后你很有可能也找一个以同样方式对待你的伴侣。这就是熟悉感。你可能也努力想跳出这个怪圈，只可惜你已然囿于其中，难以脱身。

里根在《求偶游戏》一书中指出，热烈的爱情中神经递质（实际上是化学物质，所以可能这就是“化学反应”）也发挥了作用。她引用了著名人类学家兼爱情专家海伦·费舍尔的研究成果。费舍尔观察发现，产生热烈的爱情时，人体的多巴胺和去甲肾上腺素水平升高，而血清素水平降低。一些研究表明，处于“恋情”早期的人，其血清素水平与那些患有精神障碍（如强迫症）的人的血清素水平相当。费舍尔及其团队使用了一种名为功能性磁共振成像的神经成像技术进行了一项研究，结果表明，当恋爱中的人看到爱人的照片时，大脑中富含多巴胺的区域活动频繁。由此可见，我们的身体的确发生了一些化学反应（这也许可以解释为什么我们坠入爱河时都感觉自己好像“疯了一样”）。但这又引出一个问题：为什么我们会反复回到同样的行为模式，尤其是那些不健康的行为模式。通常情况下，最初的神经递质块不会持续很长时间。

我们首先来看看什么是熟悉感。长久的感情有一定的规律模式可循。感情中，我们互动的模式无限循环，一般是不会改变的（我们在进行婚姻疗法的过程中，通常都会试图改变夫妻双方沟通、期望和行为的模式，但是结果都不尽如人意）。健康的婚姻关系中，夫妻双方懂得互相倾听，富有同理心，这样的相处模式能够长久而且健康，能够不断促进感情双方的良好关系。当然感情中总会出现这样或那样需要解决处理的问题，但总的来说这样的婚姻是能够持久幸福的。健康的感情中，夫妻双方是相互合作、共同协作、互相交流的关系，共同努力创造美好生活，这样的感情也会随着时间的推移不断成长并且升华。

如果你的伴侣是一个自恋者，就不可能形成这种互敬互爱的健康感情模式。所有的情感中，感情双方相互相处的模式是不断重复的，只不过与自恋者的情感中，重复的都是那些令人痛苦的行为模式。这些痛苦以及不良的相处模式终会侵蚀你的健康，因为这种模式始终对你无益（只对你那自恋伴侣有益）。由于你对这种模式十分熟悉（可能你就是在这样的相处模式中成长起来的），也正是这种熟悉感让你选择坚持。我们喜欢熟悉感——哪怕是对我们造成伤害的熟悉感。

与自恋者建立感情关系的人都能意识到他们的感情并不健康，总是充满争吵与失望，甚至当他们下定决心准备离开时，通常又都会经不住诱惑再次回头。之所以会再次回到自恋者身边，他们引用最多的理由就是因为身体中的“化学反应”。他们总是这样为自己辩护“没有人能让我有这种感觉”（对此，我是这样反驳的：“天啊，你就不考虑自己生活得有多糟糕吗？”）。有的人找的理由是所谓的化学“吸引力”。在感情中接受持续不断的虐待是找不到真正理性的原因的，那些不断回到自恋者身边的人只能找到一些形而上学的理由，如化学反应。这种所谓的化学反应很可能就是熟悉感，不仅是对相处模式的熟悉感，同时也是对感情中受虐行为的熟悉感——这是一种古老的熟悉感，源于幼年时的生活模式。

此外，我时常发现，许多人在遇到一个善良、专注、有同理心、不渴求他人认可、尊重他人、富有同情心的潜在伴侣时，总是抱怨“我们之间没有产生任何化学反应”，因而擦肩而过。很明显，那些错过友好善良对象的人，其实并不是因为“缺乏化学反应”，而仅仅是因为缺乏熟悉感。他们不熟悉爱情中的温柔、同理心、友善所带来的美好感受，不熟悉跳出怪圈的感觉，不熟悉不去改变他人或拯救他人的感觉——只是因为不熟悉，所以找了一个“缺乏化学反应”的借口。

就我对与自恋者处于恋爱关系的人的观察，在“忽上忽下”的过山车式生活中，他们常将化学反应作为一味忍受虐待、反复回头、选择留下或再次陷入与自恋者感情的理由。化学反应变成了一个神秘的借口：“这样的魔力一生只有一次，所以如此复杂”，“从来没有人能让我产生这种感觉”，“他给了我最美好的性爱感觉”，“他让我充满活力”。每每听到这些浮夸的陈词滥调，我就开始担心，因为接下来我将要听到他们起伏跌宕的生活——以及戏剧性的情感流露，还有受到的伤害。

与自恋者的感情关系中，最让人们欲罢不能的感觉就是那种长期遭受拒绝的感觉，那种总是把你赶到门边又把你拉回来的感觉。可能儿时你总是被父母拒绝，所以你对这种被拒感产生了熟悉感。一心只为取悦别人，费心竭力地让人注意到你，或者总认为自己做得不够好，因为你从小就体验过这种行为模式，所以产生熟悉感。成年后，遇到了总是拒绝你的伴侣，这种熟悉感反而让你感到欣慰——似曾相识——也让你备感神奇。我们对那首歌唱拒绝的老歌太熟悉了，难以忘怀。这种感觉是非理性的，因为有"魔力"，产生了化学反应，因此非理性也被浪漫化了。

许多人都以化学反应为名恋爱，在感情中犯了许多大错误，最常见的就是持续忍受感情中的虐待。回忆一下，你最有"化学反应"的那些感情，无非有两种情况：要么是非常熟悉的感觉——自恋者带给你的被拒感与儿时从父母那里体验到的相似感；要么是从小受禁的方面，作为对原生家庭中父母的回击——一种叛逆之举——不管出于哪种原因，都是对旧行为模式的回应。因此，你所产生的并不是化学反应，而是熟悉感或叛逆心理。或许你需要跟着自恋者同行几趟，才能放下所谓的"化学反应"神话，转而接受那些懂得尊重、懂得关爱、富有同理心和善良友善的人。熟悉感可能不会让你产生心潮澎湃和心跳的感觉，但是却更像是激活尘封已久的（也可能是存有问题的）剧本，而不是什么永恒或神奇的东西（别相信诗歌里所写的和情歌里所唱的爱情故事）。

简·奥斯汀的粉丝们想一想《理智与情感》中的爱情故事。玛丽安·达什伍德爱上了自恋、英俊、投机取巧的约翰·威洛比。幸好后来命运向她伸出了援助之手，她失去了约翰。之后她不知不觉中爱上了善良而稳重的布兰登上校，而她一开始一直觉得他既乏味又古板。

有时候，一个人只有经历了与自恋者的痛苦相处后，才有可能找到善良且可托付的伴侣。一个人被蝎子蜇过后，善良可靠之人的安抚便是他们柔软并充满爱意的港湾。

我们现在的流行文化和情歌中都把爱情描绘成化学反应和疯狂行为：疯狂的爱，那件疯狂的小事叫爱情，为你而疯狂。情歌里从来没有出现过以下内容，如理智的爱、互敬的爱，那件理智的事叫爱情，细心的爱，让我们彼此关爱，相互地爱。那种“疯狂的”、新潮的、特别的、独特的、包罗万象的、令人着迷的、花花乱乱的爱情的确会给人带来兴奋感，让人乐活自在。疯狂的激情确实有趣，令人难忘，富有诗情画意。然而，如果这份激情中夹杂了无视无礼，而你还要继续忍受时，请不要把化学反应或疯狂当作借口。

如果你足够幸运（我指的是非常幸运），你的爱情中可能才会既有化学反应（或魔力，或触电的感觉），还有互助互爱。在这里不是说爱情中有了化学反应就意味着你的伴侣一定是一个自恋者，完全不是这么回事。有些人确实对真心爱他们的伴侣感情深厚，也有触电的感觉，同时兼有舒适的熟悉感。这样的夫妻情投意合，睿智幸运，只因他们一开始就把寻找一个相互关爱、相互尊重的伴侣作为出发点。当你一味忍受着伴侣的粗心、忽视、刻薄和冷漠的言行，并以“化学反应”为理由时，你需要重新审视“化学反应”这个概念，因为你的这个理由可能会把你囚禁在与自恋者的单方面感情中。

## 中头奖和不可预测性

有一个办法可以帮助你反思自己是如何陷入如此境地的：想一想老虎机的魔力。被洗脑的人们就那样无意识地把自己的血汗钱投入老虎机，期望能够中头奖。这一情节是不是听着很熟悉?

老虎机之所以能够反复吸引我们往里面投钱，就因为结果具有不可预测性。老虎机的中奖可能性是随机多变的，因为有了这种不可预测性，所以激发了人的兴奋之意：一次次落入陷阱却不甘心，心想这次可能……行为心理学家会告诉你，这种行为模式最为坚固、牢不可破。你不知道什么时候会赢钱，一旦赢了，可能会是很大一笔。但通常情况下，即使有幸中奖，奖金数额也很小，只不过是为了激发你继续玩下去的兴趣。简单地说，玩老虎机靠得的运气。

投了40次钱一分钱都没有赢到的时候，人们还是会继续投第41次，因为他们总是抱着下一次就能成为赢家的幻想。老虎机的诱惑力之所以强大，是因为我们不知道它什么时候会往外吐钱，也因为一旦成了赢家就有可能得到巨额回报，所以我们会顽固地坚持下去——继续投入大量经济成本，结果浪费了时间，错过了其他良机（因为我们一直忙着等待老虎机往外吐钱）。想象一下，如果一台老虎机会持续吐钱，每拉5次手柄，就能获得1美元奖金。这样玩下去，即使你能收回所有的成本甚至盈余几美元，也会很快感到无聊。如果你知道向老虎机中每投入5美元就能得到5美元的回报，你最多只会玩5分钟。

你可能要问了：这和感情能一样吗？一样。与自恋者的感情最终就像玩老虎机一样。他们之所以能让你坠入爱河（他们有能力），就是因为你期许着和他们在一起能给你带来巨大回报。尤其是在恋爱初期，赢得了大大小小一堆奖励（那个家伙很专心，带你去度假，把你介绍给他的朋友，给你买礼物，和你畅想未来），你内心就开始期待着 3 倍奖励的出现。于是你不断把钱投入机器中，但却忽略了一个事实：他每做一件让你喜悦的事情，你就要忍受几十次的失望和拒绝（换句话说，也就是投了钱却没有赢钱的时候）。但是恰恰就是那些偶然获得的奖励让你始终在这台机器前不忍离去。

你一直在想：就这一次了，今天（推动老虎机拉杆）过后，他就会爱我，不会再出轨，会友善对待我的朋友，会按时回家，不会再对我撒谎，会帮我带孩子，会支持我的事业，会倾听我的诉说，一切都会好起来，所以你选择坚持。毕竟，你已经往机器里投入了那么多钱（情感），就必须得到回报。你是不会走开的，因为万一下一个人过来推了一下拉杆，就中了头奖（和他约会的下一个女人得到了订婚戒指）怎么办？就像对一台老虎机，如果每次投钱都有所回报，很快你就会感到乏味一样，一个善良、有同情心的人总是在你身边支持你，也会让你感到乏味。爱情中并没有什么真正的头奖，相互尊重才是爱情中的最大头奖。

老虎机是机器，是没有同情心的，也不知道你需要什么或想要什么，但人不是机器。不可预知性太强，通常是得不到回报的，甚至连起码的认可都得不到。但是偶然得到的小回报以及对更多回报的觊觎，就是人们深陷困境的原因。

不可预测性具有催眠性和诱惑力。当你过于沉迷于某些愚蠢的赌博时，请谨记这一点。

## 背后的故事

自恋者背后的故事是另一种常见的让许多人陷入困境的原因。因为自恋者善于操控他人，知道编出什么样的故事能博取你的同情，能让你想要帮助他们，也让你面对他们的某些不良行为时难以开口批评或表达你的不满。他们编出的常见借口有：

- 母亲严厉，时常忽略他的感受，因此一直情绪压抑。
- 12 岁时父亲抛弃了家庭。
- 爸爸有外遇，妈妈一直不依不饶。
- 父亲是个酒鬼，有精神病。
- 第一任妻子背叛了他，和他最好的朋友走到了一起。
- 男朋友在一次摩托车事故中丧生。
- 在他的国家里——男人无须对女人负责。

总之都是伟大的理想未能得以实现啊，悲情故事啊之类的，有的也有可能是真的。昔日这些悲情故事往往都会成为最后的“无敌通行证”。人们总会因为一个人背后的故事心生怜悯（我们将在本章后面讨论叙述故事的问题）。自恋者不断对你提及他背后的故事，这也成为你一直努力维系这段感情的一个原因。因为他背后的故事常常让你有种想要“拯救”他、为他疗伤的冲动。

自恋者背后的故事常常充斥着复杂的家庭历史，成为你几十年来隐忍的借口。也是这些背后的故事让你的生活起伏不定。记住，过去已不复存在，你无法改变过去。当你对他的不良行为找到“理由”时，把这些“理由”放在一边，先尝试解决问题，这比直接应对不良行为要容易得多。你不能总是不停为他的不良行为找借口，而应针对那些让你付出代价的行为想办法。你可能时常感觉他被人“误解”。作为他的伴侣，他的故事你听得比谁都多，因此，当你的朋友斥责你容忍伴侣的不良行为时，你却认为是他们误会了你的伴侣。有了这种信念，你对他的保护欲更强，也会比以前更努力地维护你们的爱情。

我们知道过去发生的事造就了他现在的行为，所以总是不忍心对他现在的不良行为苛求太多。在一个案例中，一个女人的丈夫控制欲强，缺乏安全感，原因是他的父亲毫不留情地抛弃了他的家庭。丈夫最终事业有成，财运亨通，因此有能力从他人那里“购买”到忠诚和诚信。结婚后，他一天24小时都会监视妻子的行踪。每当她忍无可忍时，就会想到“是父亲的抛弃导致他缺乏安全感，他这样做一定是怕我会抛弃他”，于是强迫自己忍受他的行为，就为了向他证明她永远不会抛弃他。作为一个心理学家，能够从局外人的角度理解她生活中的痛苦，这对她来说是难能可贵的，但是这并不能完全减轻她的痛苦，她在忍受丈夫的过程中，对自己以及自己的健康造成了极大的伤害。

他过去的故事让她产生了拯救他的幻想，“要是我足够爱他，他就知道我对他的爱有多真诚”，这样他那些关于妈妈、爸爸、第一任妻子、前女友的悲痛都将烟消云散，变回到我们初次相识时，我一眼倾心的那个人。

## 流沙

自恋之人都不可预测。这可能一方面是你一开始被他吸引的原因（因为吸引他人的注意力是他们的强项），另一方面也是生活很快变得一团糟的原因。刚开始（当他试图赢得你的芳心时），他魅力四射，对你极为用心：精美的礼物、甜蜜的电话粥、美妙的音乐、共享的周末。你对这一切很享受（他亦是如此），他也因此感到满足，你感激他，赞美他，以为余生的生活中都将充满他对你的爱恋和专情。但是现实并非如此。

当一个人对你的态度很快从专情转变到漠视，怎能不受伤？怎能不难过？这种转变往往会让你对他付出更多，只为重获求爱时期的那些“美好时光”。重申一遍，大多数人的恋爱期都充满了激情与兴奋，但是感情稳定后这种兴奋就会逐渐趋于平静，相互之间的专情仍然存在。爱情里的激情是不可能始终持续下去，如帕梅拉·里根所说，如果人们试图把感情中的激情无限期地保持下去，就会忽视生活中的其他一切，最终精疲力竭而亡。激情的爱会随着时间的推移转变成惺惺相惜的爱，这样的爱才是悦人的、相互的、健康的。而自恋者真的可以做到在几个月或几周内从“激情四射”很快转变到“不温不火”。不知不觉中，为了引起他的注意，你和他说话时声音开始变得尖锐，还喜欢唠唠叨叨，对他极为依赖。

自恋者还有另一个特点：就像希腊神话中的雅努斯①一样——有两张面孔。他们对外展现的一面是——冷静、时髦、快乐、成功，但是下班回到家就换了一副面孔——满腹牢骚、脾气暴躁、事事不满、喜怒无常。而你只得想方设法取悦他们，赞美他们，满足他们，抚慰他们，竭力让他们在家里过得轻松快乐。更让人难受的是，在外人眼里你的伴侣是一个伟大、有活力、有趣的人，因为他们看到的就是自恋者的这一面。因而你很难得到他人的支持和同情，甚至产生自我怀

① 罗马人的门神，也是罗马人的保护神，具有前后两个面孔。（译者注）

疑，因为你不相信看到伴侣“尖酸刻薄”那一面的人只有你一个人。

与自恋者的感情出现“起伏跌宕”很正常。他的行为可能会变本加厉，达到让你忍无可忍的地步时，你才会产生放弃的念头。走到这一步，通常都是因为一件诱发事件——婚外情、错过孩子表演的戏剧、因为你的工作和你吵架以及日积月累的忽视。最后，要么他走了，要么你走了，要么你把他赶出去。但很快他就意识到别人无法容忍他的恶劣行为，于是他又回来了。而你在他走后不用因为他的忽视和缺乏同情心而伤心，心情有所好转。但是才过几周，你就好了伤疤忘了痛，再次同情心泛滥，一想到“抛弃”对他来说有多么痛苦，再加上你所谓的“化学反应”，你又忍不住让他回家。

恶性循环再次启动。

## 自恋文化

我们无法改变我们的文化。我相信自恋的发展理论已经阐释了有的人“为什么”自恋。但是，还有很多人不了解这些理论，结果陷入与自恋者的感情困境。在自恋这场熊熊大火中，文化是助燃的汽油。自恋是顺应我们社会发展的产物。与农业社会不同，工业社会对合作要求不高；你做你的工作，你赚你的钱，其他人怎么样对你来说无所谓。在我们现在的世界里，成功与否取决于房子的大小、银行存款的多少或职位的高低。这种社会文化强化了人们自恋人格的形成，人们更加注重自己的外在形象而忽视内在修养。我们的教育缺乏对正确的价值观和道德观的引导，把更多的时间花在学术能力测试或标准化考试上，很少教授对与错的区别。与电子设备或社交媒体互动具有片面性，我们可以使用微笑的“表情符号”来传达情感，话说了一半就可以从中退出。整整一代人的成长过程都缺少人与人之间的情感互动，因而在现实中与真实的人交流时，都不懂得如何应对真实的情感。打开电视，节目里展示的都是奢华的生活方式或获得关注的方式，看不到普通人默默取得的成就。全球经济的企业模式都崇尚利润高于一切，甚至高于人权：自命不凡得到了回报，同理心越来越弱，自恋的特质受到了社会的重视。

如今我们国家文化的主旋律就是“更多，更大，更快”，在这种社会中形成的自恋行为，以及因为追逐财富演化而形成的自恋，感觉更像是“获得性自恋”；在我们国家，要想赚钱就需要自恋；自由资本主义不是建立在同理心之上的。企业若要生存，若要从竞争激烈的市场中脱颖而出，需要多种特质，自恋就是其中之一。有人可能会说，虽然自恋能够创造短期成功或个人成功，但是会侵蚀人际关系，促使人们背信弃义，最终对组织或人们都不利，自恋型领导者最终会把自己的机构（和自己）引向失败。所有成功的人都是自恋者吗？肯定不是。成功的人是自恋者的概率高吗？高。

加州大学欧文分校的心理学及社会学助理教授保罗·匹福通过一系列研究发现，社会地位或经济地位越高的人越容易出轨、撒谎以及做出一些不道德的行为。他还发现，开豪车的人经常抢道，更不懂得礼让行人。他通过在自己的工作领域以及类似领域的研究表明，自命不凡、财富和缺乏同情心是紧密联系在一起的，富人一般不会为他们的不道德行为承担后果。（这对爱情来说并不是个好兆头，因为有钱人想得到的女孩总能得到，而且很有可能掺杂了许多不道德行为。）此外，一旦获得了财富，特权也会随之而来，便有了轻松驰骋这个世界的资本。长期置身于上流社会，享受随之而来的体验，很可能会形成自命不凡和自大自负的特质。社交礼仪、同情心和礼貌不再是满足需求的必要条件，富人可以花钱雇人来满足自己的需求。此外，获得性自恋也可能会渗透到亲密关系中，不顾及伴侣的感受，缺乏对伴侣的支持和关爱。

促发自恋的另一个因素就是文化本身。世界各地文化不同，人们的社交方式也不同。无论是种姓制度，即根据人们的出生和家庭背景随意地将人们标记为“高等人”或“低等人”，还是根据性别、肤色、性取向或经济地位对人们进行差异性评价，文化都在很大程度上塑造了自恋特质。在许多文化中，自恋通常是特定性别的专权。父系文化和父权文化（权力和名字只传于男人）中，仅凭你是个男人就有优势。这种情况在某些文化中尤为突出，例如印度、亚洲大部分地区以及中东地区，在这些国家的文化中，因性别而获得的特权，让男人们享有臆想的优越感，因而使他们缺乏洞察力，这种优越感从他们出生之日起就得到了强化。如果把这些人从他们的文化中移到男女平等的文化中，就不存在这种优越感了，因为在男女平等的国家中，出生高贵并不意味着能够得到尊重，自命不凡和缺乏同理心可能会被解读为自恋行为。在拉丁文化中，“男子气概”的概念与自恋类似。一些拉丁妇女告诉我，人们一旦被贴上了“男子气概”的标签，他的自恋行为从文化的角度来说就能得到维护。

当自恋成为一种文化副产品，自恋行为就成为理所当然。对此我们无可非议，但如果你的伴侣是在只要有身份地位就可以自恋的文化中成长的，那么即使他换一个文化背景，对你的态度也不可能有所改观。

我的一个学生最近和我辩论，他问我："从达尔文的观点来看，自恋难道没有价值吗？"这个问题基本上等同于"自恋难道不是一种有用的特质吗？"是的，自恋是有价值的，从某种程度上说是有价值的。那些拥有"更多"的人更有可能把达尔文式获得配偶和繁衍后代的方法最大化。我们人类的进化程度已经超越了我们的灵长类近亲。纯粹的进化论并不能解释我们所了解的本真、自律、纪律、忠诚和群体的价值。但这个学生的观点也不无道理——从进化的角度来看，自恋者确实拥有最美的羽毛，看上去也是最好的伴侣。凯莉·哈斯拉姆和塔玛拉·蒙特罗斯的研究表明，自恋者身上不断显现的特质极具诱惑力。但是在我们人类高度进化的大脑中，美丽的羽毛持续的时间只有那么长。我们想从伴侣那里获得的不只是食物、漂亮的住所和更多的孩子。一旦羽毛收起或者脱落，就没有漂亮的羽毛了，我们发现随之消失的还有我们的情感、同理心或尊重。

因此，无论是因为悲惨的童年生活、没有镜映体验、权力失衡、扭曲文化、起源文化还是进化过程，了解自恋的起源都是有一定帮助的（尽管事后帮助性不大）。了解自恋者背后的故事会让你理解塑造自恋者现有行为的原因，甚至可能让你对自恋型伴侣产生同情。是的，我们的过去的确对我们的成长产生了影响，程度比我们预期的大得多，如克尔凯郭尔[①]（Soren Aabye Kierkegaard）所说："了解生活只能向后看，但生活必须向前看。"

---

① 丹麦宗教哲学心理学家、诗人，现代存在主义哲学的创始人，后现代主义的先驱，也是现代人本心理学的先驱。他的思想成为存在主义的理论根据之一，一般被视为存在主义之父。（译者注）

## 自恋供给

是我做得不够好。是的，我们大多数人都对自己感到不满。在我们的社交中，得出这样的结论不免悲凉。可能是因为在我们所遵从的行为准则中，自我谦卑（例如，骄者必败）才是美德的缘故。大多数人基本都没有足够的底气说出“我很优秀”这样的话。因此，我们通常认为只有自己“重要”时，我们的存在才有意义，由于他人无法直接看到我们的内心世界，所以我们的内心世界不再那么重要。考试只有优秀和良好才有意义；是否花时间思考如何解决问题并不重要，除非能得出结果，否则没什么用。现在，大多数人对自己的不满主要停留在一些小事上（我太腼腆了，我的头发不够长），但其实我们已经习惯了自己的样子，也能安于现状。然而，也有一些人属于“行动派”。认为自己“不够优秀”时，他们就会采取行动提高自己。

但是在感情方面，这种心态是无益的，因为一段健康的感情不需要“付出”那么多。“该付出的”都是自然而然的。合作、尊重、互敬互爱、共同的价值观、友好善良这些都不是什么活动或任务——这些本就是爱情中应该有的。然而，如果我们不“付出”的话，就有可能招人厌倦；年轻人的这种心理尤为明显。恋爱初期，爱情的特点就是“付出”——送礼、进出高档餐厅、精心设计约会、相互了解。时间久了，两人关系相对稳定，就没有太多“付出”的必要，感情步入平凡日常阶段。这是理想的感情。

感情中，如果你的伴侣并不像你那样投入感情，你就会认为维系感情、让伴侣满意的唯一方法就是你的不断付出——于是你保持体形，保养打扮，打扫房子，让他的生活轻松，给他买东西——久而久之，这就成了你的行为模式。此外，你还要时时不忘赞美你的伴侣，告诉他："你真有魅力 / 聪明 / 成功 / 性感 / 酷 / 棒极了。"

这些都是你所付出的，日复一日，年复一年，也成为伴侣维系自恋的供给。在他的眼里，你就像一艘货船，日复一日地为他运送物资，从认可到赞美，再到日常杂货，而且还是一艘不断进港的货船。然而，给自恋者提供供给所面临的最大挑战在于，对于自恋者来说，你的供给永远不够。自恋者就像一个底部破了个大洞的水桶：不管你投入多少，永远都无法填满。"我一直就觉得是我做得不够好"这句话是陷入与自恋者感情的人的口头禅。那是因为对你的自恋伴侣来说，你就是做得不够好。在他们眼里谁都不够好，什么都不够好。

所以你不断积累自恋供给，送到你的伴侣手中。月月年年，几十年如一日。虽然筋疲力尽，但起码有事可做——而这往往也是让你陷入困境的原因。"如果我能时常提供足够的供给，那么一切都会好起来，一切都会变得更好。"然而这只是你单方面的痴心妄想。"只要感情进展得不顺利，我就提供更多供给。"在这一过程中，你不再关爱自己，自己也成了自恋供给，待你资源耗尽、疲惫不堪时，便开始自我怀疑，最终殚精竭虑。这是一艘单向货船，所到港口只接受进口货物却没有出口货物，每每离开自恋者的港口时，你的船总是空空如也。

更残酷的是，时间久了你提供给自恋者的供给就没有那么新鲜了，就如仓库里的食物。享用了你的供给几年或几十年后，你的自恋者伴侣可能又会寻找其他供应商。这些供应商可能是家人、朋友、情妇、同事或下属。当你的供给不再新鲜时，不管你付出多少，在你那自恋者伴侣眼里，别人带来的新鲜供给总是"更好"。你付出多年后，他为了别人（或者当你的供给开始贬值，不再像以前那样受欢迎时）而放弃你，给你带来的痛苦不言而喻。

心理健康的人往往是从内部滋养自己。他们“不需要”别人的供给，他们世界中的其他人也不应该以这种方式为他们服务。通过从自恋供给的角度反思你的困境，你会了解到为什么这段感情让你如此精疲力尽，以及你的伴侣为什么有了你还会在外面寻找供给以满足自己的需求。因为他们永远都不会满足。

## 叙述故事

人们喜欢讲故事。我们擅长讲故事，这可能也是人类最古老的追求。我们讲故事，我们看故事，我们读故事。从某种程度上说，我们需要故事。

当故事开始影响我们的生活或成为发现真相的障碍时，这样的故事就危险了。我们每天都在谱写自己生活的故事，有时甚至一天写几十次。叙事是我们记录生活的方式，记录了我们如何度过每一天。叙事有时也可以作为一种应对工具，是从具有挑战性情境中提取意义的一种方法。花点时间反思你所记录的生活故事——关于童年的故事、工作的故事、感情的故事和关于你自己的故事。

叙事的弊端在于它有时会分散我们对真实情况的注意力。有一句名言凝结了“民间智慧”：“自己想听什么，就对自己说什么，以此度日。”简单来说，就是为了生存，把生活中的所有事实编织成一个能够忍受的故事。你所写的故事就是你如何因为自恋者背后的故事而同情他、帮助他的故事，就是你如何以美好的生活为名义替他的不良行为辩解的故事。你是如何相信在你的童话世界里，一个吻就能使青蛙变王子，消除野兽？你编写的故事总是幸福美满（等他退休，等他升职了，等孩子长大了），只可惜这些故事情节永远不会实现。

通过叙述故事能够解释你是如何陷入困境的，为什么选择留下来以及下一步你会做什么。叙述的故事中能够反映出自恋者当初吸引我们的特质，能够解释你相信的神话和谬见，比如化学反应的神话，也能够解释你试图“拯救”自恋者的幻想（第6章将着重阐述这方面内容）。叙事还能让我们理解与自恋人格的人建立的感情多么具有挑战性。你是否能坦诚地回顾你所叙述的故事，是否在叙事中增加新思想，这对你来说是最大的挑战。

最危险的叙事是那些虚构的或扭曲的事实。我多次听到人们说：“我早就不爱他了，但还是想维系这份感情。”当你写下故事或反思你的故事时，想一想这些叙述有多少是与这个人和你对他的真情实意有关，又有多少是与感情这一实体有关。为了一段感情去爱和去努力很容易——家是一个可以依靠的地方，一个有困难可以打电话求助的地方，一个对外展示的形象，一个共同的未来——但感情是一个“实体”，所以我们更愿意掩盖它的不足，而不愿谈论感情中的个体。一段感情甚至可以上升到“更高的层面”，如宗教一样，让人信念坚定、从不质疑。很多时候，人们想要的只是感情，因而所叙述的故事也是关于感情的，而不是感情中的伴侣（因为如果你的伴侣是一个病态自恋者，那你的故事就没那么令人愉快了）。然而，如果你的叙事只专注于感情，那么你更容易把感情描写成事件、地点、活动、财富和其他惰性因素，这些都是你能客观看待的问题，不会拒绝或伤害你。这样，一个故事就能将你囚禁起来，使你受困于充满希望的小说和未能实现的未来之中。

如果你知道自恋者永远不会改变，会对你所叙述的故事产生什么影响？会影响你的看法吗？选择留下意味着什么？离开意味着什么？本书其余章节将集中讨论两种情况：面对自恋者的伤害，究竟是去是留。这个问题没有正确的答案——但可能会让你有所改变。

## 自传

我们每人都有一本自传。我有一本“拉马尼传”，我姐姐有一本“帕德玛传”，你也有一本属于自己的“自传”。我们的自传中记录的是我们每个人的故事，记录的是我们每个人的人生信条。如果真有这样一本书，书中将呈现你的喜好、恐惧、弱点、希望、欲望、需求、价值观和世界观，方便他人了解你。（想象一下，第一次约会就能把这本书拿出来给对方看会是什么情况！）有的人在吵架后，可能需要拥抱，有的人可能需要散散心，有的人可能害怕独处。

想象一下：如果你有机会事先阅读他人的自传，再做出相应的决定，结果会如何？现实生活中，我们没有这样的机会（谢天谢地）。感情初期，正是我们熟悉对方自传的时候。交往最初的几周和几个月（甚至几年）是我们了解新伴侣如何应对压力、愤怒和恐惧的时候，是我们了解他们的弱点和长处的时候，同样也是他们了解我们的时候。问题在于，我们在编写这本书时，总是倾向于把自己描写得比真实的自己“更好”或有所不同（因为许多人都希望自传中的自己能与现实中的自己不同，这样就能规避他们所有的恐惧和弱点）。有时别人总是误解我们自传中的内容，不论我们如何努力地解释，他都听不明白（好像这本自传比十年级的英语书还难）。抑或是他根本不想仔细阅读，压根不想读懂。有时我们会对此感到内疚。多数情况下，在我对情侣进行心理咨询或与情侣交谈时，他们承认，要么很难“读懂”伴侣的自传，要么长期对对方的自传产生了误解。

不是每个人都能把自己的自传毫无保留地呈现给他人的。这通常是出于羞愧或害怕被拒绝的原因（如果她真的读了我的自传，可能早就跑了）。很多时候，对自己所熟悉的自传，人们根本不去反思。从某种程度上说，自恋者的自传倒是清晰明了——我自大自负，控制欲强，不懂倾听，缺乏同理心——但自恋之人也是一个独特的个体，会有个性化的恐惧、弱点、习惯和优势。还有一个问题在于，我们总是试图编辑对方的自传，或者干脆忽略（例如，如果你知道你的伴侣不喜欢参加陌生人的社交活动，那么活动结束之后，他爆发出压抑情绪或愤怒时，你为什么会感到惊讶？你明知道他的自传上就是这样写的，为什么还要试图改变？）。

健康的感情是当你把某人带进你的内心或生活时，你需要编辑和修改的是自己的自传。你可以学着看足球赛，开始徒步旅行，养只小狗，改变宗教信仰，搬家，让自己更有耐心。知道了你伴侣的一些“禁区”，就要相应地调整自己的行为——理想情况下你的伴侣也会这样做。这是一个学习、妥协和成长的渐进过程。有时你们双方很难把彼此的自传调整到步调一致（例如，一方想要一个孩子，而另一方不想要），这有可能就意味着这段感情的结束。

《面对自恋者的伤害，是去？是留？》一书是一本针对自恋者的生存手册，同时也为读者敲响了警钟。你真的愿意真实地呈现自己的自传吗？你会怎么写呢？你如何对待爱情？如何应对压力？如何应对恐惧？如何面对希望？你有什么样的需求和欲望？你有什么样的弱点和长处？你对伴侣有什么期望？你对感情有什么期望？你对生活有什么期望？你伴侣的自传是什么样的？他展示出了什么样的行为模式让你对他（或她）的自传有了清晰的认识？

花点时间思考自己的自传，并诚实以待。在这段感情中，你的需求能切实得到满足吗？为了维系这段感情，你愿意从你的自传中删减哪些内容？是否存在你无法改变的内容？再思考一下你伴侣的自传。如果你愿意接受他的自传，就说明你已经知道他的自传中有些什么内容了。若要感情真诚，首先你必须诚实地对待自己和伴侣的自传。

你陷入与自恋者的感情困境以及仍然选择留下的关键在于：具有自恋特质或自恋型人格障碍的人首先是一个人。如果他们真的是食人魔，你就不可能深陷其中。你可能正在整理困境中所剩的残骸，也可能仍在寻找答案。从人性化和人道主义的角度来说，你应该把他当作一个“完整”的人来看待。不过，这并不意味着你必须成为他的社工或救世主。他的历史不是你的错，与你无关，你也无法为他重写。请你为了自己的健康和幸福，对他富有同情心，把他当作一个“完整”的人来看待。请你理智，不要试图改变他。然后进入下一步：想清楚该怎么做。你需要认识到自恋者给你的生活带来怎样的感受。如果你经常感到焦虑、不安、沮丧或绝望，不要回避，这一点很重要。下一章将帮助你理清这些感受，并阐述一些你自己常表现出的行为模式，比如找借口、孤立自己、无限失望。

SHOULD

I STAY OR

SHOULD

I GO?

第 *5* 章

# 自恋者给你带来了怎样的感受？

人可以掌控己之所为，却难以掌控己之所感。

——福楼拜[①]

把自恋特质列举出来，就可以判断出一个人是否是自恋者。这些特质是对自恋的描述，如果和一个自恋者在一起的时间足够长，就能观察到同样的行为模式。最重要的是列举出与你有关的内容——即自恋者给你带来了怎样的感受。显然，自命不凡、缺乏同情心、自大自负、冷漠无情以及易燥易怒等都不是什么优良特质，但总的来说，在一段感情中，如果这些特质对你没有造成影响也就没什么意义。此外，同样重要的还有，你的情绪往往会逐渐吞噬你，这也是感受难以控制的原因。不同的人对自恋特质的感受也不同。

## 对自恋者的共同感受

与病态自恋者的感情中，最常见的感受主要有：

- 感觉自己“不够好”；
- 自我怀疑，自我猜疑；
- 频繁道歉；
- 困惑，感觉自己才是那个“失去理智”的人；
- 无助与绝望；
- 悲伤难过或压抑沮丧；

---

① 全名居斯塔夫·福楼拜，法国著名作家，作品主要表现在对19世纪法国社会风俗人情进行真实细致描写记录的同时，超时代、超意识地对现代小说审美趋向进行探索。（译者注）

▶感到焦虑不安，郁郁寡欢；

▶心神不宁；

▶快感缺失（无法从曾经给你带来过快感的生活和活动中获得快感）；

▶羞愧感；

▶精神耗竭以及情绪衰竭。

久而久之，这些感受终将吞噬你，稍后我们将在本章探讨这些感受。

说到这里首先谈谈“任务蠕变”的概念。任务蠕变是一个军事术语，指的是军事进攻中可能发生的意外变化，从而导致超出预期的意外任务。任务蠕变现象也常见于与自恋者的感情困境中。变化不可能在一天内发生，有时甚至一年内也不会发生太大的变化；变化是一个缓慢、渐进的过程，慢慢蠕动进入然后统领一切。如果自恋者一开始就对你冷漠无情，对你视而不见，那么你也就不会陷入痛苦的感情了。因为蠕变是一个相对冰冷的过程，会逐步消耗你的感情和精力，而你会慢慢适应这种蠕变，从而陷入一场比预想时间更长、难度更大的战斗。如果一个人陷入了与自恋者的感情困境，通常会慢慢关闭自己的感情和情绪。这是情理之中的结果。你的感受总是被伴侣否定，抑或从未得到认可（有时甚至被怀疑），因此，维系感情的唯一方法就是否认自己的感受，或者麻痹自己的感受。自恋者是外向投射方面的大师（否认自己的感受或行为并投射到别人身上），从这也能看出他们内心的空虚。

许多人，尤其是女性，在某些情况下，特别是涉及感情方面，往往都会“过度承担”责任。如果你属于这样的人，那么你很可能会“承担所有冲突的责任”，并努力控制局势，但是通常你会在这个过程中耗尽自己。在与自恋者的感情中，你还会试图“解决”一切——如果他不快乐，我就努力让他快乐，把房子收拾得更干净，身材保持得更苗条，教育孩子们更安静。总之，我会做得更好。

## ○ “够好”悖论

什么方法我都试过了：说多了不行，说少了也不行。房子是我打扫；他不喜欢的朋友，我就远离；一日三餐是我做；我为他保持身材，尊重他的朋友。然而即使这样，我好像还是没有通过考验。老实说，我无论做了多少事，他都视而不见，但是，只要我有一点没做好，哪怕只有一点点，他就会注意到。对于我所做的一切，他从未说过一句“谢谢你”，眼睛里只看到我做得不好的地方。为了达到他要求的“完美”，为了猜透他想要的，我浪费了大量时间和精力。

我们的社会教育我们，只要努力付出就能获得成功。于是我们努力学习，取得好成绩；努力工作，获得晋升或加薪；每周辛勤给花园除草，让花儿长得更好。我们相信只要努力就能有所收获，这是一种积极乐观的思想，生活中的许多领域也的确如此。但是这一思想在人际关系领域则行不通，特别是在与病态自恋者的感情中更是行不通。“如果我做得再好一点”的假设只会毁掉与自恋者建立感情的那个人，因为你永远也满足不了自恋者的要求。“如果”也永远不会产生结果。

“我还不够好”的感受是陷入与自恋者感情困境的人挂在嘴上的一句口头禅。显然，要是你“足够好”，那么你的伴侣就不会贪心不足，不会对你视而不见、冷酷无情、不闻不问、缺乏同理心。既然现实就是这样，那显然就是因为你做得不够好。“足够好”或其反义词“不够好”是陷入与自恋者感情困境的人永恒不变的主题。如果你为了取悦某人始终在不断努力，却永远无法成功，或者只能获得短暂的成功，都会让你感到自己不够好。毕竟你付出了那么多的努力，结果却没有达到目标（取悦你的伴侣），那么你一定认为是自己做错了什么或者什么地方做得不够好。有趣的是，大多数人一开始并没有意识到他们的伴侣可能就是一个无法取悦的人。

我们都很好。事实上，我认为我们不只是很好。“不够好”的想法通常是由外部力量驱动的。如果有人说“我不够好”时，我就问：“对谁而言？”

“足够好”是很多人从小就饱受困扰的一种感受。如果你的父母中有一个人是自恋之人或漠然冷淡之人，你可能时常都在自问：“我怎样做才能让他们爱我？”如果孩子得不到父母的爱，或者只有在他证明对父母有用时才会受到重视，这种情况下，你怎么做都不可能“足够好”。你一辈子都在努力，以证明自己确实足够好、足够快、足够漂亮、足够聪明。

导致你产生“不够好”的心理通常缘于自身的弱点以及自责感。这种心理让你相信，只要自己能够达到伴侣的某些要求，他就会满意。正是这种心理把陷入与自恋者恋情的人推向极端：减肥、整容、化妆、买新衣服；把房子打扫得一尘不染；组织奢华度假、精心准备一日三餐、为伴侣购买昂贵礼物；追求彰显身份地位的工作或职位，以为这样伴侣就会重视他们；即使经济拮据，也要购买大房子。总之，为了满足你那“永远无法满足”的伴侣，你一直在努力，希望摆脱自己“不够好”的烦恼和感受。

许多经历过与自恋者感情的人都会说，他们已倾尽全力，付出一切。付出得越多，得到的伤害越大，最终身心俱疲、疾病缠身、失去朋友和家人，甚至丧失自我意识。许多人一心只为迎合伴侣无尽的需求，最终自己都不认识自己了——“足够好”如圣杯一般，让他们如此奋不顾身。

请切记：自恋者的内心是空虚的，永远填不满。在他们眼里不是你不够好——而是什么都不够好。如我们在自恋供给部分中所述，自恋者如同一个底部破了一个大洞的桶，无论你往里倒入多少东西，最终都会白白流走。这样的桶永远也装不满。你已经足够好了（这听起来有点做作）。如果你和某人共度一生，却总感觉自己不够好，其实是你们的感情不够好。

## ○ 自我怀疑

自恋者只重外在而轻内在，这就是与他们相处久了后，你的自信会逐渐消散，多疑之心悄然而至的原因。如果你正和一个不懂倾听、情感淡漠或不会关心（倾听、爱慕和关心是感情的基本特征）的人谈恋爱，而这个人又时常质疑你，久而久之，你自己也会对自己产生怀疑。无法改变现状的心理也会引发自我怀疑。

本书的核心观点就是——自恋者永远不会改变。接受这一观点并非易事。读完本书的这些章节后，从理智上来说，你可能能够理解并赞同这一观点；但从情感上说，由于你那试图拯救他人的幻想如此深入，文化的影响如此强大，爱情如此盲目，以至于你明知事实如此，明知一切都是徒劳，仍然坚持努力付出，期许着自恋者的改变。你甚至可以清楚地从其他人的感情中观察到这些行为模式，但却固执地坚信自己的感情会有所不同。你可以继续尝试，但是结果是不会改变的。

当你付出了巨大努力但是却得不到想要的结果时，你很容易认为是自己做得不够好（或者做得不够多）。从某种程度上说，尝试各种方法能让自己有一种控制感，但时间久了，就会对自己充满怀疑。这种怀疑感很快便会蔓延到生活中的其他领域——工作、朋友、家庭和生活。

## ◎ 频繁道歉

频繁道歉是伴随着自我怀疑同时出现的行为模式。一般来说，只有在犯错的情况下我们才会道歉，即使不是故意犯错我们也会道歉（例如，对不起，我迟到了）。此外，我们可以通过道歉的方式表示知悉对方的失望（例如，高尔夫比赛那天下雨了，真遗憾），让对方意识到你不是造成他失望的原因（显然有些情况不可能是你的错——雨又不是你下的）。在这种情况下，与其说是道歉，倒不如说是一种同理心的反映。然而，自恋者本性自命不凡，只要一有不顺心的事就表现出失望，因此你总是生活在不断地向他道歉的情境之中。"同情的道歉"引发你产生自我怀疑；你的道歉之所以越来越频繁，主要是因为你发现你始终无法满足伴侣的需求，还因为他的生活总是没有到达他预期的样子。

## ◎ 困惑不解 / 失去理智

太奇怪了。有时他很体贴——带我约会，告诉我他爱我，每天晚上都让我陪着他。而其他时候他又是如此冷漠无情，一整天不回电话，做决定时从不咨询我的意见。我真希望他的行为能前后一致，这样起码我知道该做些什么。他冷漠无情时，我就想离开；但是当他温柔体贴时，我又感到了爱情的美好。这让我十分困惑，因为正当我心情放松看到爱情的希望时，他又变得冷漠无情了。他的这种变化莫测影响了我的行为方式,让我陷入焦虑——因为我从来都不知道自己该做些什么。

由自恋型伴侣带来的困惑往往是他们行为多变的直接副产品。与我交谈过的许多人都说：“要是他总是一副冷漠无情的样子，我也能接受，这样起码我知道自己该怎么做。”但是，如果一个人一会儿让你感觉亲密有爱，一会儿又突然变得冷漠无情，有时一天内都会阴晴不定，自然会让人困惑不解。他一边对你说着“你是我一生的挚爱”，坐下来和你一起规划人生，一边又不让你接触他的朋友和亲人，或者不愿支持你的理想和愿望，这些都会让人感到不安。

造成这种情况主要有以下几个原因。自恋者内心的空虚使他们只专注于当下对自己有用或自己感兴趣的东西。他们兴致盎然时，让他们说爱你，他们是会照做的。但是他们对一个人或一件事的兴趣不会长久保鲜，当下一个让他们感兴趣的人或事出现时，他们就会转移注意力。把他人对象化的心理——将他们视为可为己用的对象——也是造成这一情况的原因。如果你是当下唯一能让他入心入眼的人或者人群中最突出的那个人，自恋者向你施展的魅力和气质会让你确信你就是他的一切。问题是，外表是最肤浅的因素，而肤浅则会导致行为变化无常，自恋者的情绪总是变化莫测，时而热烈，时而冷漠。自恋者这种在热烈和冷漠之间飘忽不定的情绪也体现在他与其他人的关系中（熟人、朋友、家人和伙伴）及其工作和经历中。一段健康的感情应该是你生活中的安全港。生活已经带给了我们足够多的困难，如金钱问题、工作问题、医疗问题、家庭问题，甚至天气问题。可悲的是，陷入与自恋者的感情只会让你的生活越来越混乱，并不会让你进入舒适安全的港湾。

## 无助与心理健康

宾夕法尼亚大学心理学教授马丁·塞利格曼（Martin Seligman）通过研究提出了“习得性无助”理论。“习得性无助”是指一个人积年累月反复被迫忍受无法逃避或无法改变的痛苦或厌恶后，此后也不能（或不愿意）避免类似的痛苦，即使可以逃避，也会习惯性忍受。通常情况下，有些事当你知道无法改变或避免时，就会选择忍受，即使到了可以摆脱的时候，也依然习惯性地困于其中。塞利格曼及其团队认为，这种情况源于条件的作用和习得作用。一个人如果已经认识到局面无法控制，就不会再去尝试避免。这一领域的研究最早是通过动物进行的。在动物研究中，塞利格曼及其研究员发现，如果不允许狗逃避电击（通常它们会本能地躲避电击）并长期被迫接受电击，久而久之，即使它们能够逃跑也不会逃。它们就这样被动地屈服了，接受了疼痛，也不会试图改变自己的命运。

习得性无助能将一个人置于冷漠和抑郁的危险之中，并相信无论做什么都无法改变现状。习得性无助就可以解释为什么人们陷入与自恋者的感情困境后，明明受尽伤害，却依然坚持。如果多年来你一直努力与某人沟通，努力获取某人的关爱，期盼某人的倾听，结果一切皆未能如愿，从未得到过倾听，日积月累你就会习惯性坚持，被动接受命运。

有人认为，陷入与自恋者的感情的人并没有真正地“被困住”，其实是有可能逃脱的（实质与塞利格曼研究对象狗或监狱里的囚犯不同）。然而，我们所接受的文化教育以及历史告诉我们爱情是永恒的，无论受到多么恶劣的对待都不能放弃（因此，实际上你是精神上无法逃脱）。我们的社会还传递了这样一条信息：如果你足够努力，足够爱你的伴侣，就能扭转局面。我们所经受的社会压力要求人们“坚持到底”，如果不坚持，人们就会害怕再也找不到伴侣了。这些假设在我们心里打造了一所“精神监狱”，自以为没有逃脱的余地，于是只能接受现有的处境，或者自暴自弃。

人们的这些无助感产生了一种有趣的行为模式，那就是用电子邮件进行感情交流的方式。显然，现代情书都是以电子邮件的形式互相传递的，许多异地恋人用它来传递消息、情诗以及饱含激情和爱意的话语。还有一种情况，伴侣之间使用电子邮件来表达强烈而矛盾的情感。我称之为“电子邮件试金石”，以这种方式沟通通常表明一种迹象，即你的沮丧和无助已达到无法与伴侣用语言交流、只得通过书信方式沟通的地步，因为不论你说什么，他从来不会倾听，于是用书信的方式反而能表达清楚。

此外，具有自恋人格的人往往能言善辩，不论你多么善于表达和交流，你所提出的请求在自恋者面前总会被驳回，他们如此巧舌如簧以至于每次都会让你感到自己才是那个提出非分请求的人。自恋者的情感世界相当肤浅，善于从逻辑的角度与你争论，这对于从情感角度（大部分感情中的争吵都是这样的）出发的你来说定然是不利的，在逻辑与情感的较量中，逻辑总是胜出（这也符合逻辑），但这并不意味着能够解决问题，在争论中从情感角度出发的那个人最终都发现自己太傻。于是你洋洋洒洒写了一封内容清晰、爱意满满的电子邮件，简直算得上文学和诗歌界的奇迹，这样你才能把心里的话说出来，不被打断也无须争辩。

听到患者谈及这些电子邮件，我意识到这就是他们在感情中备受挫折的象征，也说明他们很少实现自己的目标。然而，自恋型伴侣收到这些邮件往往仅用三言两语就打发了，有时甚至根本不回复，有时只回复信中最突出的问题，因此你那深思熟虑的请求或恳求又一次演变成他们发泄愤怒的理由。一个人如果不会或不想倾听，你想什么办法都没用——电子邮件只是一种宣泄的方式，但不要期待有奇迹发生。你要么把心里话写下来寄给你最信任的朋友，或许还能得到一丝安慰；要么把信扔进海里或者烧掉——只是不要寄给你那自恋的伴侣。这些年来，我从诸多客户和朋友那里读过几十封这样的电子邮件，没有一封起作用。无助是与自恋者生活在一起的必然，电子邮件只是一种宣泄的方式，并不可能成为解决方案。

这种无助如果持续存在，就会将你带入更黑暗的绝望境地。伴随着绝望会产生许多不健康甚至危险的行为和感受，包括：抑郁、焦虑、逃避责任（逃避工作、家庭），逃避他人；不健康的行为还包括饮食不良、缺乏锻炼、睡眠不规律；危险的行为包括吸食毒品、酗酒、不遵从医嘱或拒绝医学治疗，极端情况下还会产生自杀的想法和/或行为。我所采访过以及治疗过的人中有一半以上的人，在与自恋伴侣的长期感情中，绝望占据了生活的主要内容。我所观察到的情况有体重急剧增加、吸毒、抑郁、自杀倾向，甚至长期因精神病住院。陷入与自恋者的感情困境将由内而外地吞噬人们，最终摧毁人们的生活。

## ○ 悲伤、抑郁和焦虑

抑郁和焦虑的感觉和症状可能是由感情困境中的无助引起的，也可能是由感情中持续缺乏情感互惠和镜映现象而产生的。抑郁是一种复杂的疾病，其标志性症状——悲伤的情绪，在本应愉快的活动中无法产生愉悦感，缺乏价值感，充满内疚感，回避社交，注意力不集中，睡眠和食欲不规律——这些行为模式都显现在陷入与自恋者感情困境的人身上。轻度抑郁且症状不严重时，一般会影响生活的整体质量；而重度抑郁时就需要寻求临床治疗。感情中由自恋者带来的无助会将人置于患上抑郁症的风险中，而抑郁症会削弱一个人的精力或心态，无力应对自恋者带来的挑战。患上抑郁的人容易越陷越深，拒绝寻求帮助。抑郁症是一种疾病，是可以治愈的，因此不要当作一种负担来承受。

与之相似的焦虑症，如长期担忧、紧张感、自我怀疑、烦躁、疲劳，甚至出现一些身体不适的症状，如头痛、肌肉紧张等，也常出现在陷入与自恋者感情困境的人身上，特别是当他们感觉无力改善，做什么都不起作用时，焦虑症更为突出。当一个人的焦虑达到顶点时，就会感到惊慌，主要症状有心跳加速、呼吸困难、头晕目眩，甚至有一种大难临头的感觉。与抑郁症一样，极度焦虑可以进行治疗并得以控制，不必视为生活负担。不知如何应对自恋者带给你的挑战，或者所采取的措施全部徒劳无果时，就会让人备感沮丧受挫，患上各种心理疾病。

## ○ 心神不宁

不管我说什么都是错的。不论我做什么都有问题，要么太早了，要么太快了，要么太少了，要么太多了。最后以至于我每次说话之前，都要花很长时间组织句子，以确保准确。后来，我开始有点害怕见到他，因为我不知道我会不会说错话，或者什么时候又说错话。有趣的是——我从来没有急切地想把我身边的人介绍给他的冲动。我知道他们一定不会对他客气的。我从一开始就感到不安，但我很久没谈恋爱了，运气也不怎么好。他至少还没有离开我，但是我因此而付出的代价也太大了。有了这份感情也并没有让我感到幸福。

想一想认知否定、自我怀疑和“几近发疯”的概念。与自恋者谈恋爱的确会让人心神不安。他们通常卑鄙阴险、行为多变。和自恋者在一起的确“如履薄冰”（很多人认为更像“踩在碎玻璃上”），和这样一个冷漠无情的人生活又怎能心安？在约翰和瑞秋的故事中，当她对这段感情感到越来越心神不宁时，她的思绪开始逐渐清晰。她感觉到“有些事情不太对劲”。我采访过的许多人告诉我，这种不安的感觉让他们“心如刀绞”，甚至长期以来有一种厄运将来的感觉。事情总是出错，争吵总是不断，失望总是一个接一个。与自恋者感情中的不可预测性也让人感到不安。对于经历过创伤的人来说，有不祥的预感和悲观情绪感并不为奇。奇怪的是，许多陷入与自恋者感情的人也有上述情况。

## ○ 快感缺失

抑郁的一个主要症状被称为“快感缺乏”，即无法从通常给你带来快乐的活动中获得快乐，包括工作、爱好、家庭和孩子以及日常活动。快感缺失的人，生活中就只有黑白两种颜色，暗淡无光，做什么事都缺乏动力。快感缺失现象常出现在与自恋者陷入感情困境的人身上，因为他们总想：“何必呢？”维系与自恋者的感情占据了大部分精力，结果却总是不尽如人意，以至于生活中的其他事情也失去了光彩。

## ○ 羞愧感

与其他情感相比，羞愧感更能导致不良行为。羞愧感是自恋者的核心冲突——也是一种根深蒂固的冲突。大多数情况下，自恋者内心的羞愧感渊源很早，从深层的心理层面来说，他们道德上的问题以及冷漠无情可能就是内心羞愧的表现。此外，他们无法忍受羞愧感，因此当他们做了一些“羞愧”或不当的事并受到谴责时，往往会以极端愤怒甚至更恶劣的行为回应。

但是对于感情中的另一方产生的羞愧感，他们应对的方式则不同。我们大多数人都有足够的洞察力，能够认识到生活中我们不可能总是向外界展现出最好的一面。有时，我们也会做一些不太光彩的事，但是我们会主动反思，吸取教训，不断向前。有时，我们不愿对外界敞开心扉，是因为我们不想被人品头论足，也可能是因为我们的羞愧感。举一个例子。我们可能会向每个人兜售健康的生活方式，但是自己却会偷偷地吃不健康的食物。我们可能不会当着朋友的面点汉堡，但独自一人时可能就会点，因此我们多少感到有点羞愧。

在与自恋者建立的感情中，你所产生的羞愧感往往源于日积月累的感受。你自己、你的朋友和你的家人都能看出你伴侣的言行有问题。这可能是因为你与他们分享了你对感情的感受或故事，也可能是因为你忍受了那些让你感到痛苦的事，或者是因为他们也发现了这些让你感到痛苦的事。让别人看到自己遭受感情虐待，也会让你产生羞愧感。羞愧感也会引发担忧，害怕选择继续留下会受人指戳，害怕解决不了问题。就像与自恋者建立感情的所有人一样，你对自恋的伴侣总有一种保护欲。当他因为一些不端行为而遭到严厉批评时，你可能也会感到“羞愧”（这种情况下，在你努力试图克服羞愧感时，就遭受到了两次精神虐待：一次来自你的伴侣，一次来自你自己）。于是，不同角度的羞愧感开始轮番轰炸你：忍受恶劣待遇的羞愧感，没有足够的“骨气”离开的羞愧感，被人视为软弱的羞愧感，其他人用异样眼光看待你伴侣的羞愧感，错误选择的羞愧感。如此之多，谁能承受？

最主要的问题在于，这种羞愧感可能会导致更危险的行为模式——退出与他人的社交。如果你对你的感情或你的伴侣怀有羞愧感，那么你根本不想与朋友和家人闲聊，生怕他们会问到你一些基本问题，比如“你和你的男朋友怎么样了？”撒谎就“证明”你感到羞愧；如果没有羞愧感，你就会实话实说。但对于大多数有良知和自主神经系统正常的人来说，撒谎的感觉并不好。因此，当对自己或自己的感情难以启齿时，避免交谈是相对容易的解决方法。但这又增加了问题的难度。因为对于许多与自恋者建立感情的人来说，除了自恋者以外，与他人进行社会互动是非常重要的，因为这可能是他们获得友善、镜映和同理心的唯一来源。羞愧感会导致你社交退缩，孤立自己，更容易感受到自恋者带给你的空虚。

人们不喜欢诸如羞愧这样的糟糕感觉。我们该怎么办？就像对待大多数感觉不好的事情一样，尽可能去避免。如何避免？不谈不论。这是社交退缩的另一个原因，甚至也是从心理治疗等重要领域中退缩的原因。谈论这些感受意味着你必须面对这些感受。你朋友中的心理医生可能经常告诉你，无须忍受，果断离开。然而，如这本书题目所示，事情并非总是那么简单，而且很多情况下，你可能无法选择离开。这些情况下的羞愧感更糟糕。你确实感到羞愧，你既不喜欢感情中遭受的待遇，又不想离开，又不想让别人告诉你离开，在这种混乱困惑中，最终你会选择一步步与世界隔绝。

## ○ 精神耗竭以及情绪衰竭

我已是筋疲力尽。我从未在任何事情上投入过如此多的精力。我思绪万千却没有头绪。我夜不能寐。我曾经也是个开心快乐的人。而现在的我却是身心俱疲。我想找回那个“开心的我”。

陷入与自恋者感情困境的大多数人都不明白自己经历了些什么，花了大量时间想要“弄明白”，却一无所获。处于这种感情困境中的人发现他们总是一次又一次地重复同样的对话，每次争吵的原因都是一样的。生活形成了一定模式（下面就会探讨这个问题），这些模式永远不会改变。因此，我经常听到与自恋者建立感情的人说“不公平”或者“他从来都是双重标准”。我们很容易沉迷于这些感觉不能自拔，浪费了大量精力，无力去做其他你能（也应该）做的事。这种疲惫感是真实可见的，许多陷入与自恋者感情困境的人常说，他们很累，精神不振，跟不上工作和学习的节奏，在许多重要事情上犯错误。

## 行为模式

由于这段感情带给你的都是痛苦的感受，于是你会竭力避免这些感受（没人喜欢痛苦的感觉，所以通常我们都会尽可能避免——特别是那种慢性长期的痛苦）。反思自己的行为模式，有助于你了解自己应对这一切的情况。正是你的这些“应对”模式，维系了伴侣那问题重重的自恋。这些行为模式是你为了维持这段感情，应对我们上述的痛苦感受，长期以来形成的问题解决方案。常见的行为模式包括：

- 频繁找借口，甚至撒谎，因为你既感到羞愧又想保护你的伴侣；
- 决策困难；
- 频繁道歉（“对不起”成了你的口头禅）；
- 长期对失望的恐惧转化为对制订计划或表达希望和愿望的恐惧；

▶社交退缩、逃避他人和支持；

▶麻痹情绪，表现为饮食无节制、酗酒、过度消费、吸毒、过度锻炼。

这些行为模式听上去是不是很熟悉？如果你具备上述多种行为模式，伴侣也显露出一些自恋特质，那么你的伴侣很有可能就是一个名副其实的自恋者。

## ○ 寻找借口

为了消除在感情中所感受到的羞愧感，或者为了更好地面对这个世界和自己，你总是在寻找各种借口。第四章中我们探讨过借口是叙述故事的延伸。任何故事都可以用多种方式叙述；同样的故事，结局可以截然不同。你的感情就像一种投资——是对时间、资源和情感的投资——可能还会涉及孩子、其他家庭成员和各种财务。你需要“保护”的东西太多，为你伴侣的不良行为找借口也是一种过度保护行为。瑞秋经常为约翰找这样的借口：他是个医生，所以很忙。一开始找借口很容易，因为你可能根本不认为那是借口：他很忙，他很辛苦，是我没有耐心与他交流。久而久之，你用借口编造的现实就成了你唯一的现实。

找借口和“理解”是有区别的。当我认为是“借口”时，有的客户却不以为然，说他们不是在找借口，而是站在丈夫或妻子的角度看待和理解问题。也许是那天他们遇事不顺，也许是那天他们心情不好。显然，这也有可能是真实的。移情是指对他人的感受和经历的认可和回应，因此，监控自己对他人的感受所产生的反应是良性移情。然而，找借口反映的是长期以来的一种行为模式，你不只会为他上班不顺心找借口，你会为他的所有行为找借口。找借口就像在叙述故事时，为了保护伴侣而有意否定自己真实的感受。这种行为模式反复发生，以至于最后你更相信自己的借口而不是自己的感受。理解是一条双向道路——一条由你们双方共同妥协铸就的道路。找借口是因为伴侣缺乏同理心时采取的一种生存策略，是一条漫长的单行道。

### 解决方案：寻找借口

留心，控制自己。花些时间思考；找借口之前，想一想为什么会发生这种事。富有同理心，站在双方的角度考虑问题，但找借口之前，停下来想一想，控制好自己。

把这些情况都记录下来。无论什么时候，为他人不可接受的行为找个借口都是很容易的一件事。假设你的伴侣不善沟通，凡事总爱迟到，你可能会找到以下借口。

第一天：赴宴迟到，却没有事先打电话。借口：他可能在开会，走不开。

第二天：孩子的足球赛迟到，事后才发短信告知你。借口：可能路上堵车了。

第三天：需要你们两人签署的文件，他没有来。借口：他可能太忙了，有很多工作要完成。

第四天：你计划请外地来的朋友吃饭，他却临时取消。借口：上了一周的班，他只想清静清静。

看看这些借口，有些的确是实际情况真实发生的，但有些就是你为他的生活所预想的困难。诚然，辛苦一周了的确不太想动，但是你没有必要为他找借口。工作的确要完成，但签个名不会耽误多长时间。有时我们之所以会为别人的行为找借口，是因为这样比直接沟通或者面对他们的愤怒和咆哮要容易得多。

## ◎ 优柔寡断

许多人陷入与自恋者的感情困境并难以脱身就是由自我怀疑导致的。此外，你在与自恋者的生活过程中会不断怀疑自己。造成自我怀疑的因素有：受到伴侣的猜疑，受到伴侣的忽视，受到伴侣的嘲笑（有时三种情况兼而有之）。自我怀疑会削弱你的决策能力。如果你怀疑自己做事的能力，甚至怀疑自己的感受，你的信心就会受到削弱。一旦缺乏信心，就不敢果断做决定。

威廉·詹姆斯[①]曾说过："优柔寡断成为一种习惯的人最可悲。"优柔寡断之人通常令人反感，做事缺乏效率。他们逐渐变得犹豫不决，或者能在某些领域（例如工作中）做到果断但却在感情中优柔寡断，这都是痛苦之事。在与自恋者的感情中，你总是充满了自我怀疑，他不可预测的行为，以及他对你（和其他人）的不闻不问，一点一点地侵蚀着你的自信和毅力，最终让你无力做出任何决定。自恋者往往也是相当优柔寡断，因为他们一生都在试图规避风险，等待好事来临。除了对自己，几乎不会对任何人或事付出真心。

优柔寡断不仅令人疲惫，效率低下，还会给你的家庭、孩子、亲人、工作甚至志愿者活动带来困难。优柔寡断导致你自我感觉差，更增强了你的自我怀疑感。由于你在这段感情中的大部分时间都处于自我怀疑中，很可能你会将这种自我怀疑带入生活中的其他方面（特别是时间久了以后就成为习惯了）。

如果你能掌控与自恋者感情中的关键部分，并懂得这些部分对你决策能力造成的影响，你便不会再优柔寡断，也能重拾自己的决策能力。你对自己的怀疑很可能是由你的伴侣以及感情中的困惑由外及内造成的。让你优柔寡断的原因都相同。观察你是如何开始自我怀疑的，如何驱使你变得优柔寡断的，找到根源后，你就可以重拾自己的信心。

---

① 美国心理学之父，美国本土第一位哲学家和心理学家，也是教育学家、实用主义的倡导者，美国机能主义心理学派创始人之一，亦是美国最早的实验心理学家之一。（译者注）

## 解决方案：优柔寡断

相信你的直觉。你可能已经很久都不相信自己的直觉了（产生自我怀疑时，直觉的本能也相应削弱）。虽然直觉并不总是正确的，但通常都是正确的，如果你和自恋者在一起后，每一个决策都让你感到束手无策时，直觉告诉你的第一个选择往往就是最佳选择——不信你可以问问所有做过多项选择题的孩子们。

你可以通过列举一件事情的利与弊来帮助你决策。方法虽然很老套，但是很实用。你的自我怀疑会削弱你的专注力和决策的能力。但通过列举利弊的方法，有助于你做出最终决策。不过让我们再增加一点难度。很多时候，你心里很清楚该做什么，但总是担心你那自恋的伴侣不同意，你可以在利弊列表中再添加一栏——即“担心”的情况。列出你担心伴侣可能会做出的反应，或者破坏你的决定的各种可能性。把自己担心的内容写出来，你就知道你在决策面前如此优柔寡断的原因了。

## ◎ 频繁道歉

对不起。我真希望自己能发明一种语言识别应用程序，记录一个人每天说“对不起”的次数。我敢打赌，说得次数最多的人一定是那些陷入与自恋者感情困境的人。我们已经明确指出，自恋者是永远不会知足的。当人们发现什么都没有做好时，本能地就会想到道歉。（你说的每一句道歉都是“对不起，是我做得不够好”。）自恋者早就把自己的耳朵和眼睛训练得只能听见和看见世界中的消极方面，只能听见和看见失望和背叛。一般情况下，你想要找什么，就会找到什么。例如，如果你那自恋的伴侣对你说“嘿，谢谢你做晚饭，看来你最近又忙得不可开交了”，你立即就听出了他话中的意思，他其实是说：“我们又吃意大利面？”而你很可能就会用“对不起”来回答他。

当然，生活中有些道歉是充满真情实意，也是有必要的。如果你说错了话、态度不友好、行为冷漠或犯了错误，理应道歉。道歉是一种担当，也应该是一种战斗号令，提醒你保持警觉，避免以后再犯同样的错。但是可能你所道歉的情况不同——你因“真正”的错误而道歉的次数远远少于你为了安抚或保护自恋伴侣而道歉的次数。

担心常常是道歉的原因。一句简单的“对不起”实际上可能要表达的是“对不起，请不要生气”或者“对不起，请不要让这件事毁了我们的周末”或者“对不起，请不要反复重提我过去犯的错”。于是道歉成了一种先发制人的手段。由于自恋者不善于应对失望或麻烦，所以你的道歉也是出于一种自我保护。最后，由于自恋者不会对任何事情负责，又善于阻挠一切（包括他们自己的感情），所以你和这样一个从不会承担责任的人在一起，你的道歉起到了维系感情的作用，不论你是对是错，都是你道歉。总的来说，自恋者内心空虚、缺乏同理心以及没有热情，意味着哪怕是微不足道的缺点，小小的疏忽或失误都会让你感到恐惧，害怕他们因此而愤怒，因为他们的眼睛里看不到大局。在道歉应用程序发明出来之前，你必须学会监控自己道歉的情况。

## 解决方案：频繁道歉

虽然道歉监控应用程序还未发明，但实际上你所掌握的数据比你想象得多。回顾一下你发给伴侣的短信和电子邮件，里面有多少个“对不起”？如果几条信息中就有一个“对不起”，再看看这些对不起都是缘何而发的（安抚他、避免吵架或真诚道歉？），思考一下你的行为模式。

谨慎注意。当产生想说“对不起”的冲动时，请注意，想一想有没有其他更好更有效的回应方式。不要因为自恋者的失望而向他道歉，认可他的失望。前面那个例子中，由于晚饭是意大利面而受到伴侣的批评时，你无须道歉，而应认可他们的想法。你可以说："是的，我知道今天又吃意大利面，我今晚太忙了，做意大利面简单些。"这样的回答承认了存在的问题，合情合理地表述了情况，你也不会内疚。把你的道歉留到真正需要时再说，谨慎使用"对不起"。你是安抚不了野兽的，打破这个恶性循环。

## ○ 害怕失望

与自恋者的感情定然充满失望。因为他们不懂得顾及他人的需求，他们只做对他们自己有利的选择。如果他们的选择正合你意时，那是最好的结果，皆大欢喜。但是这种结果有点像掷硬币，意味着你面对失望的可能性至少有 50%。

如果你和伴侣的生活中充斥着各种失望，那么你们很难共同制订出短期或长期计划。哪怕像预订晚餐这样的事，也像在掷骰子，达到彼此满意的概率很小。制订长期计划更为困难，因为日常中你所经历的种种失望让你感到世界是如此不可预测，导致你不敢有梦想、抱负或长期计划。于是你生活中最常有的念头就是："何必麻烦呢？"

经常性失望会让你凡事都感到灰心丧气。你与自恋者的感情就像玩了一场过山车，总能让你对一些事感到刺激兴奋，但永远没有最终结果。失望也会引发其他问题。当你兴致勃勃地与他分享一个想法或者愿望时，得到的却是冷漠无视，心情怎能不难过？时常面对这样令人失望的反应，即使你有了梦想也会退缩，将梦想束之高阁，或直接将之归为"荒谬"或不值得追求的想法。想想你的伴侣对你的想法或抱负嘲笑过多少次，或者忽视过多少次，你因此放弃过多少次梦想，失去过多少次机会。

当然，失望的确是生活的一部分。比赛时突然下雨，凡事均有不顺时。但是，当失望成为你生活中的日常，而你的伴侣做出的决定又难如人意，你做什么他都不支持你，这样的生活就会导致你凡事畏手畏脚，错过生活中的美好享受，对生活没有长期目标和希望。你的生活也因此失去意义、目标和希望。

### 解决方案：害怕失望

不要害怕失望。这是从认知角度解决问题的方法。失望固然痛苦，但不会置你于死地。失望时而有之。有时人们一遇到失望的事，就会闷闷不乐，悲观地认为“我是个不幸的人”，消极地看待这个世界。与自恋者一起生活，失望是必不可少的，若要适应这种失望的状态并非易事，但是尽可能不要让失望对你影响太大。下面的方法有助于缓解失望的情绪。首先从不要害怕失望开始。失望能教会你学会大度，学会放手。

有时候最好的进攻反而是防守。凡事都要有备用团队或备用计划。只要有可能，就用自己丰富精彩的理想充实自己的生活，并做好独自实现这些理想的准备。有时，想看电影时仅仅因为伴侣不想看而失望至极，最后不仅错过了这部电影，还荒度了光阴。你为何不选择独自去看电影或和朋友一起看呢？为何不换一个活动方案呢？想和伴侣一起做的事，最后却不得不独自或与朋友一起做，这确实令人丧气（与伴侣一起喝红酒赏日落是很浪漫，但和朋友一起享受又将别有一番乐趣）。诚然，这样的生活很累，因为有时可能很晚了你还不得不重新做计划。但是既然你决定继续留在自恋伴侣的身边，这样做至少能给你一些安慰。

## ○ 自我孤立

和自恋者生活的人，是出了名的喜欢自我孤立的人。如前所述，这往往是由羞愧感和做事优柔寡断造就的。从心理学的角度来说，这是一种危险的行为模式。本来在你的感情中，你的情感需求就很难得到满足，这时如果你再把自己与其他人隔离开来——他们是唯一可以给你关爱和关注的人——也就隔断了人类的基本需求。与自恋者生活过程中形成的自我怀疑，也会让你对所有人际关系产生不自信和自卑感。

对于你那自恋的伴侣来说，你这种自我孤立的行为正中他的下怀：他可是求之不得呢。他可能会诋毁或侮辱你的朋友和家人，他或许能感知到你的亲人对他的蔑视。你与社会越孤立，你与自恋伴侣的生活就越扭曲，而这种扭曲的现实也就成了你唯一的现实。你会因此失去那些能够让你认识自己价值的人、那些富有同理心的人、那些能够欣赏你的人、那些能给予你正常人际关系中所有互惠互助的人。社会支持和社交网络有利于我们健康成长和幸福生活。失去了这些，尤其是当你的伴侣是一个自恋者时，你的内心就如同沙漠一般，荒凉凄惨。

自我孤立也是我们前面所述问题的根源，尤其是优柔寡断和自我怀疑的原因之一。如其他行为模式一样，自我孤立也是逐渐形成的。你生命中的每个人，不可能在一天之内凭空消失。这是一个微妙的过程——拒绝和朋友一起出去玩；不愿和家人一起度假；尽可能避免邀请朋友来家里做客，因为怕他们看到你伴侣的不良行为；为了不想听到你的伴侣指责身边的人，所以你慢慢地疏远他们。有时，你渴望社交的愿望非常强烈，以至于哪怕是和父母或同事的短暂交流都让你兴奋不已，哪怕是参加孩子的足球比赛与其他家长的简短对话，都能让你激动很久。

自我孤立可能是在几个月，也可能是在几年内逐渐形成的，但是待你意识到时，空空的房间里早已只有你孤身一人。如果你意识到自己开始疏远朋友和家人时，就要迈出一小步与他们重新联系起来。

## 解决方案：自我孤立

最简单的办法就是不要自我封闭。你不必与朋友们分享感情中遇到的挫折困难，甚至不必谈论这些问题，富有同情心的人关爱你，陪伴着你，比什么都更能治愈你心中的伤痛。多与那些一直支持你、愿意倾听的家人和真正的朋友联系。这样的互动和社交能够强化你的存在，给你必要的支持，提醒你感情中应该如何沟通、互助和互动。

即使你的伴侣不愿陪你，也要与朋友共进午餐，与家人一起度假。你将在本书后面看到——无论你选择留下还是离开——拥有感情以外的关系对你的生存和幸福都至关重要。

## ◦ 自我麻痹

我们用食物或酒精等来逃避所受的伤害或感受时，就是一种“由外而内”应对情感的方式——从本质上说，就是自我麻痹。这是那些悲伤、焦虑、受伤和无助的人常用的方法，用于分散对现状和感受的注意力。如果你的爱人是一个自恋者，那你很容易采用这种方式来麻痹自己。生活中无人倾听也是一件非常痛苦的事，因此人们只得想尽方法压制心中的痛。快速压制痛苦的“不健康”方法有：

- ▶暴饮暴食；
- ▶酗酒；
- ▶吸毒；
- ▶吸烟；
- ▶肆意消费。

还有一些自我麻痹的方法实际上是隐藏在良性的“包装”下，效力相当强大：

- ▶疯狂工作；

▶过度运动；

▶做家务；

▶疲于为孩子、家人、朋友和生活奔波。

很多时候，你就像一只小蜜蜂，嗡嗡嗡忙过来忙过去，不知疲倦。你之所以让自己沉浸于繁忙之中，其实就是为了回避感情生活带给你的挑战。自我麻痹就像一个一站式商店，不必考虑生活的现状。短期来说，采用这种策略也是可以理解的。但就长期策略而言，酗酒并不可行，也不合适。一天24小时连轴转的工作方式，在外界看来是良性的，但其实只是推延了不可避免的事情：你终究要面对自己的感受和处境。感情就像水坝里的水——水坝能将水留住一段时间，然而一旦溃决，整座城镇都有可能被冲走。

实际上，情感是无法麻痹的。就像几天没有洗澡，即使涂上香水，也难掩身上的怪味。即使自我麻痹，痛苦的感受也仍然存在。久而久之，无论你如何麻痹或掩饰自己的感受，终将迎来更深刻、更痛苦的感受，如疲劳、反应迟钝、悲伤、自我怀疑和自我孤立。与其麻痹自己的感受，不如试着诚实地接受你的感受，以更健康的方式应对这些感受。本书后面的章节将探讨一些有助于你应对这些感受的具体策略。

### 解决方案：麻痹自己

除了麻痹自己或者分散自己的注意力，你还可以采用正念冥想的方法来缓解痛苦的感受。对于一个陷入与自恋者的感情困境的人来说，冥想有很多好处，它使你有机会自我反省，在与伴侣走进一条黑暗的小巷之前停下脚步，结束穷思竭虑的恶性循环。此外，如果你想“分散注意力”，试着采用一些自我关爱的方式：在户外与朋友一起锻炼，准备并分享健康的美食，看电影或参观博物馆。自我麻痹和自我关爱之间有很大差别。自我关爱有助于增强你的自我意识和决心，做到自己照顾自己。无论你选择留下还是离开。

大多数人都不愿与人谈论自我怀疑、抑郁、焦虑、羞愧或无助的感受，因为谈论就意味着要面对现实。本书就立足于面对现实——你一直都有两个选择：留下或离开。你可以先选择一个，以后再选择另一个。首先你要知道自己有这些选择，感受自己真实的情感，无论怎么选都不要让自己有太大压力。最重要的是，本书提供的新方法和策略能够帮助你面对自己的感受，满足自己的需求，无论做出什么决定，都能为随之而来的后果做好准备，使你不至于生活在自我否定或窒息之中。

本章旨在鼓励你勇敢地反思自恋者带给你的感受——毕竟这是非常私人的体验——以及如何应对（或不应对）这些感受的方法。至此，你应该对病态自恋者有了非常清楚的认识，他们给你带来怎样的感受以及为什么让你产生这些感受。接下来需要弄清楚的，就是该如何去应对。

SHOULD I STAY OR SHOULD I GO?

第 6 章

# 抛开拯救的幻想

童话故事里，公主亲吻青蛙，青蛙就变成了王子；而在现实生活中，公主亲吻王子，王子就变成了青蛙。

——保罗·科埃略[①]

还记得《美女与野兽》这个故事吗？最初这是一个法国民间故事，后来经过不断修改，最终成了一部迪士尼的经典之作。这是一个经久不衰的故事，诠释了我们文化中普遍存在的有关拯救和救赎的神话，正是因为这一神话，不知将多少人囿于与自恋者的感情困境中。

一个名叫贝尔（有的版本中是其他美丽的名字）的年轻美丽女孩和当商人的父亲生活在一起（某些版本中她还有两个自私贪婪的姐姐）。后来父亲破产了，需要外出处理一些生意上的问题，问几个女儿需要什么，贪婪的姐姐们要求给她们带回漂亮的衣服和珠宝，而贝儿只要求带一朵玫瑰花，因为家业衰败，花园里的花都凋零了。

结果父亲在森林里迷了路，误打误撞走进了一座住着野兽的城堡里，野兽给他提供了衣服、珠宝和食物。但是父亲从花园里摘了一朵玫瑰花，这一举动激怒了野兽，指责商人偷了城堡里最珍贵的财产。父亲解释说这是送给他最小、最漂亮的女儿的小礼物，最后野兽同意父亲拿走玫瑰送给女儿，但他必须再回到城堡来。

作为女儿的贝尔温柔体贴，自愿代替父亲回到野兽的城堡，并被野兽囚禁起来。之后的情节因为版本不同，她的经历有所不同，但基本情节都一样：野兽给她送了很多礼物，给予她奢华的生活——锦衣

---

① 巴西著名作家，作品语言富有诗意和哲理，内容涉及宗教、魔法、神秘传说等，带有奇幻色彩。他著的《牧羊少年奇幻之旅》（*the Alchemist*），位居《纽约时报》畅销榜长达427周，成为20世纪最重要的文学现象之一。（译者注）

玉食、美酒珠宝——但条件是她不能离开城堡（自恋者的控制）。这头野兽时不时就会咆哮发怒，但贝尔认为在她的善良和关心下，他终会被感化（拯救的幻想）。为了缓解现实状态，贝尔想象着她是和一位英俊的王子生活在一起，而这位王子此时就被囚禁在城堡中的某个地方，并幻想着有朝一日他会出现在她眼前并拯救她。

野兽难得大发善心，同意贝尔回去看望她的家人，但必须保证一周内再回来。他还给她准备了一些物品，其中包括一面魔镜，有了这面魔镜，即使她不在城堡也能看到城堡发生的事情。一周过去后，她没有返回，因为父亲生病了，两个姐姐的行为让她难以离开。但是，违背了对野兽的承诺她也深感内疚，于是她拿出了魔镜。她从魔镜中看到野兽因失望和她的抛弃而崩溃，面容一天比一天憔悴。

贝尔冲回城堡，看见他正在痛苦中挣扎，已经奄奄一息了。她哭着俯在他身上，感谢他的善良和热情，并为没有按时回来而道歉。她俯下身，用真挚的爱亲吻了他，因为她感觉到他野兽般的外表下其实有一颗脆弱却充满爱意的心。哇！野兽瞬间变成了一位英俊的王子。他眼中的愤怒消失了，闪现的是爱意和友善。他解释说，多年前一个女巫对他施了咒语，只有获得一位纯洁善良的姑娘的爱，这个咒语才能被解除。

城堡如被施了魔法一般，从破败不堪恢复到原来的富丽堂皇，贝尔和王子……从此过上了幸福的生活。

我们要是能对这个故事的策划者提起集体诉讼就好了。这种拯救幻想对你意味着什么？你是否仍抱着一丝希望，幻想着你那自恋的伴侣有朝一日也变成王子？你是不是认为只要给予他足够的爱、关注和赞美就能改变他？如果你陷入了期待拯救的幻想，就不要期望幸福的结局。

## 拯救的幻想

拯救的幻想是年复一年维系与自恋者感情的因素，无论男女无一例外。有了希望，生活之船就不会沉；一旦希望破灭，也就没有了奋斗的动力。希望可能是真实的，也可能是幻觉，大多数情况下两者兼而有之。前面章节中提到的认知否定行为是产生拯救幻想的关键。其他问题诸如自我怀疑、内疚感、恐惧感以及流行童话故事中“如果你足够爱一个人，他就会为你而改变”的思想，也是人们愿意花费几十年的光阴为感情奋斗的原因。每一天都是新的一天，都要努力“做好”“更加努力”。如果你阅读过那些关于爱情的经典书籍，里面都是教你如何更加主动地沟通，如何更加忠情，如何用心经营你的感情。这些当然都是好建议，但前提是你爱的那个人心中有你，愿意倾听！

克尔凯郭尔说过：“真正的爱是主动的爱，而不是被动的爱。”但是如果爱不是相互的，而只是一厢情愿，那么这样的爱情一定让人精疲力竭，甚至堕落绝望。拯救的幻想深植于公众意识之中。此外，如果你的父母是那种需要拯救的人或者你自己从小就开始照顾他人（例如，从小就缺少父母的关爱，或者担负着照顾生病或受伤的父母的责任；或者你不得不照顾年幼的孩子，你一直都在为别人而活），这样的成长经历很容易让你形成“爱越多收获越多”的思想：只要付出得越多，爱得越深，回报就越多。然而，感情并不是这种简单的线性思维。这种思维可能适用于工厂——工作越努力，生产的产品就越多——但这种思想不适用于感情，特别是与自恋者的感情。

此时，如果把生活中“再努力一点，伴侣就会在意你”这个选项删除，你就会变得愤怒、困惑和沮丧。你的感情将在很长一段时间都毫无意义。我所采访过的人大部分对生活中的其他事情都保持着清醒理智，“如果生活中的其他事让我如此长时间地感到沮丧，我就会辞职，结束友谊，不与家人联系，总之什么让我感到沮丧我就不做什么”。但是人们在感情中就没有这么理智，即使已有种种证据提醒我们结束，我们仍会坚持下去。

我们的基因中就存在拯救的幻想，然而正是这种拯救的幻想让我们生活中的野兽逃脱了太多惩罚。我们的文化崇尚救赎故事，许多人都想成为救世主。即使这段感情已经侵蚀了你的自尊、自我价值、决策能力，让你一生都萦绕着自我怀疑，也仍然锲而不舍，垂死挣扎。爱是一种救赎，心理健康的人体验到爱时，他们会敞开心扉，正视自我，不断成长，在困境中积蓄力量。爱是人类的重要体验之一，但是我们将更多的注意力放在了如何“付出爱”而不是“获得爱”。我这样说并不是为了抨击有些人的爱情观。

如果你在感情中忍受着前面我们讨论过的所有不健康行为模式，就说明你的感情是有问题的。如果你坚信你的爱、付出和支持会改变你那病态自恋的伴侣，那么请三思。人格模式往往根深蒂固——拯救法则是行不通的。你也有可能一直在转换策略：时而支持，时而关爱，时而退避，时而安静。从研究的角度来看，这样做是合理的；尝试多种策略，收集数据，找出效果最好的方法（由于自恋者难以预测，所以有可能所有方法都不起作用，起作用的概率不亚于在赌桌上赢钱）。但是，结局——坚持改变伴侣——是不可能实现的，你也不可能看到改变。你的这种行为模式就像不断往墙上扔各种东西，看最终什么能粘在墙上一样。但很有可能什么都粘不上。

## 脆弱与拯救

有时你的伴侣可能也有短暂的转变，这反而更让人困惑。因为从心理学角度来说，自恋者是漠然冷淡的，但在某些情况下——面临巨大压力，遭受重大损失，害怕担忧时——他们会聆听，会振作精神，也会遵守道德行为准则。与普通人相比，自恋者更加脆弱。他们的脆弱正好与人们的拯救幻想完美契合。显然，试图拯救一个自大自负、傲慢无礼、自命不凡的人并非易事。但是，当那个自大自负、傲慢无礼、自命不凡的人感受到威胁时，就会变得异常脆弱，此时你的拯救幻想或许能起点作用。而此时的自恋者通常会靠近你，依赖你，期待你的安慰和支持，甚至一段时间内让你感觉他变得正常了，也在意你了。他们表现出的脆弱时刻重新燃起你的拯救幻想。然而，仅仅几周、几个月或者几年后，他们又重现本性。脆弱性是自恋的一种复杂而微妙的临床征象，正是他们偶尔表现出的脆弱小插曲，让作为伴侣的你深陷感情困境中达数年甚至数十年之久，你以为“他哭了，他改变了”。不，你错了。他们唱的仍然是同一首歌，只不过是换了个曲调而已。

## 挑战

本部分引出了“挑战”的概念。把感情视为“挑战”或战利品，这种思想不仅奇怪，听着还有些令人不安。这种可悲的现象可能是竞争社会下的一个副产品，也可能是达尔文式获得“最适合”伴侣的产物。设法赢得“根本无法赢得”的自恋者作为伴侣的想法本就是一种极大的挑战。如果你真能赢得这个冷漠淡然的自恋者，那你一定就是当之无愧的“胜利者”或“救世主”。你就是唯一一个能够拯救他的人。显然，在感情中，这种竞争思想本身就是不健康的。诚然，我们中的许多人都具有竞争力，挑战也能让我们时刻警惕。事实上，那些爱情大师以及爱情典籍都将爱情描述成了一部《孙子兵法》。我们的文化将爱情视为“挑战”，由于自恋者更善于这种爱情游戏，因此在恋爱阶段总能上演帽子戏法①，引你上钩，蒙蔽你的双眼。

具有挑战性的爱情一开始的确让人跃跃欲试，但是除非你付出的努力能够始终得到尊重，否则挑战就失去了意义。例如，你为伴侣付出了努力，不仅自己感到快乐，他也会注意到你的付出并感激你的付出，同时也愿意为你付出，不知不觉中就成了你们之间的感情模式。这样的感情才称得上是一曲完美默契的双人芭蕾舞。然而，现实生活中，你为自恋伴侣付出了几年甚至几十年的时间却仍未能让他满意，最终才意识到你们的感情原来一直都只是一条单行道。只有你独自在付出，再付出，再付出。刚开始时他或许还能对你的付出有所回应，但是很快你的付出就变成理所当然了。挑战过后，你就被牢牢锁定，他对你的尊重和关爱也消失得无影无踪。

在感情中持有拯救的幻想是十分危险的，而通过应对挑战的形式赢得感情、投资感情也是有害的，在这样的感情中你将感受到无尽的挫折沮丧，出现我们上一章中讨论过的抑郁、焦虑和自我怀疑情况。

既然办法已经用尽，还有什么解决方案吗？夫妻心理疗法结束后，

---

① 体育领域术语，指在足球比赛中，一名队员3次将球踢进对方球门，但不包括在决定比赛胜负的点球大战中的进球。因此，人们常用“帽子戏法”形容连续3次的成功。（译者注）

是选择听取建议还是一如既往？读了 20 本关于沟通和爱情的书之后，还是没有得到切实可行的建议怎么办？你几十年如一日地操持家务，教育孩子，塑形美容，不乱花钱，压制自己的需求，结果还是什么都没改变，怎么办？办法其实非常简单，但执行起来颇具挑战性，因为需要你重新编写、重新提交、重新启动以及重新塑造你的生活。这个办法的最理想之处就在于全程不需要你的伴侣参与——完全在你的控制范围之内。这也将是你所听到的最不浪漫的建议：

管理自己的期望。

我们将在下一章更全面地探讨这方面的内容。现在，请记住最关键的一点，你必须 100% 地放弃你的拯救幻想。否则，如果你选择继续留在自恋者身边，你的拯救幻想终会将你一点一点地摧毁。既然你已经知道野兽永远不可能变成王子，你还是愿意选择留下，那该如何应对呢？如果你最终选择留下这条路，下一章将为你介绍一些实用策略，以助你生活得更加顺心。

SHOULD

I STAY OR

SHOULD

I GO?

第 7 章

# 我应该留下来吗？

如果我们无法改变现实，就要改变自己。

——维克多 · 弗兰克尔[①]

究竟应该继续留在自恋者身边还是选择离开，这是一个复杂的问题，也是一个非常私人的问题。而问题之所以复杂源于一个核心，即自恋者是不会改变的。

本章将重点阐述如果你选择继续坚持下去，应该如何经营感情。最终让你坚持选择继续留在自恋者身边的原因诸多——孩子、财产、共同事业、宗教、文化、恐惧、健康问题等——这些都是真实存在又至关重要的因素。也或许你选择留下的原因仅仅就是你还爱着这个人，这也正常。如果你还爱着他，自然不会选择离开。许多陷入与自恋者感情困境的人感到举步维艰的是：他们生活在痛苦之中，离开是解决问题的唯一办法，但是他们又不愿意离开。这种双重束缚使他们产生了深深的困惑、无助和监禁感。我们为什么要选择留下？既然一定要留下，又有什么办法能缓解生活中的痛苦？

再次重申，如果你的感情中涉及暴力行为，或者存在将你和/或孩子置于危险之中的行为，就要另当别论。如果真的存在上述情况，请务必联系反家庭暴力保护机构和其他保护机构，以确保自己和孩子的人身安全。本章内容主要是针对与自恋者感情中日复一日、年复一年的忽视和不良行为，不适用于存在严重危险的情况。

每个人都有自己的观点，但是正确的答案永远在你心中。特别是对已婚人士来说，除非是情况到了对己有害、无法克服的程度，否则

① 美国临床心理学家。出生于奥地利，言语疗法的奠基者，其治疗理论被称为维也纳第三精神治疗学派，前两个学派为S. 弗洛伊德学派和A. 阿德勒学派。（译者注）

他们普遍都会选择为了捍卫家庭而“奋战”。这些被伤害的情况有时显而易见，如身体虐待、言语虐待、经济虐待、吸毒和酗酒或反复出轨。这种情况下，身边的人可能会鼓励你离开。事实上，如果自恋者对一个人的伤害既有精神和心理上的伤害，又有身体上的伤害，如脸上和身体上明显的伤痕，人们看到后就会报警。但是在与自恋者感情中遭遇的缓慢而微妙的伤害，如遭受的冷遇和自我怀疑，这些都属于内伤，别人未必能看得到，因此也很难获得他人的帮助。无论你是否能够得到帮助，选择留下或是离开最终都是你自己的决定。如果此时你的决定是坚持到底，那就请继续阅读。

## 自恋者永远不会改变

人类的有些行为模式是很难改变的，比如日常习惯和各种上瘾，但由于这些模式对上瘾者产生了直接影响，上瘾者有时也会试图改变（只是可能会碰几回壁）。自恋是自恋者的行为模式。由于这是一种人格模式，所以不易改变。此外，我们的文化滋生并助长了自恋的发展，社交媒体如一个镜厅，反映出获得他人的认可、富贵荣华和自大自负才是成功的关键指标。整个世界都支持自恋者的行为，他们的需求得到满足，自然不会认为自己有任何错误；他们也看不见、听不到或感觉不到其他人的需求，因此改变的可能性几乎为零。

不要忘记我们在拯救的幻想部分提到，自恋者可能会表现得非常脆弱，有时会在自负自大和脆弱不堪之间来回摆动。在他脆弱时，他会让你感到他对你的需要——需要你的安慰、你的鼓励，那时的他乐享其果，然而脆弱时刻过去后，他也就不再需要你或你的鼓励了。自恋者处于内心脆弱时，可能真心愿意寻求心理治疗，但治疗的结果未必对作为伴侣的你有好处。

## 心理治疗有效吗?

再次提醒你，永远不要期望你那自恋的伴侣会有所改变。在研究自恋的文献中，几乎没有证据表明，对自恋者进行心理治疗后能够产生良好效果。我参加过无数讲座、研讨会；阅读过大量相关论文和书籍——能参考的都参考了——只为解决一个谜：如何成功地治疗自恋者？只可惜谜底从未揭开。

作为一名心理学家，承认有些人类行为模式是无法改变的，其实对我的生计不利，但是事实就是事实。自恋就是一种无法改变的行为模式之一。有关治疗病态自恋和自恋型人格障碍的文献表明，在治疗自恋型人格障碍方面，不存在有效可持续的好方法。麦克吉尔大学精神病学教授乔尔·帕里斯(Joel Paris)博士著有大量有关人格障碍的书。就连他也暗示治疗师在治疗时必须谨慎小心，否则治疗过程反而有可能促发自恋行为的产生。虽然一些病例报告中也提到了一些改善情况，但总的来说，顽固的病态自恋者是不可能自然而然地发生改变的；即使他们愿意接受治疗（通常对治疗很抵触），也没有太多证据表明治疗对自恋者产生了影响，从长远来看肯定没有任何影响。

作为心理健康领域的我们来说，声明我们解决不了自恋这个问题，对我们没有任何好处（就好像一家修理店，门前挂个牌子，写着“我们修不了你的车。”）。然而，目前我们还未明确如何衡量自恋，这方面的研究仍在不断发展中。总体上说，没有证据表明自恋者能够得以“治疗”，也没有证据表明通过治疗，他的行为方式和沟通方式发生了重大或永久性的“改变”。最大的问题在于，目前的治疗研究缺少对患者的多年跟踪。有些研究确实显示，治疗后的几周或几个月内，患者在自我反省和一些行为方面有所改善，但如果缺乏持续的治疗，这些改变也不可能保持长久（大多数疾病都是如此）。

对自恋和自恋型人格障碍治疗的研究表明，精神病学教授埃尔莎·朗宁斯塔姆（Elsa Ronningstam）所提出的“纠正性生活事件”具有一定的价值。然而有趣的是，这些事件不一定是在治疗过程中产生的，而是在生活中发生的。这些纠正性事件有助于自恋者克制自大自负、傲慢无礼的行为，并体验到一些幻灭感。她认为，这些纠正性事件有可能改变自恋者这艘船航行的方向。例如，如果自恋者在生活中能够体验到他的自大自负、傲慢无礼以及自命不凡的行为会因为自己实际取得的成就而受到挑战（从而不会轻易自负自大），或持续体验具有纠正性的事件（从而不再那么自命不凡和傲慢无礼），或者体验幻想破灭的感觉，变得谦逊一些，放下自负自大的自我概念，这样自恋人格或许能够发生一些重大改变。

对此我主要的担忧在于，这会让抱有拯救幻想的你误认为，你那无穷无尽的爱就是改变自恋者的纠正性事件。当然这有可能是，也有可能不是。关键是时机很重要，如果你有魔力能掐指算出进入自恋者生活的合适时间，然后实施一系列纠正性活动，或许可行。但现实中，把握时机全靠运气，努力不一定能带来运气。你在费心竭力地想成为那个“纠正”自恋者的人的过程中，可能会对你自己带来极大伤害（如果“纠正”不成功，你又会自责）。纠正性事件或许对那些病态自恋行为不那么极端的人能起到些许作用，或许能让他们有所转变。可能性更大的结果是自恋者的行为模式只发生了短暂的变化，大多数行为模式仍持续不变。好消息是，如果你真的决定“留下来”，可以采取一些策略让自恋者的行为发生一些微妙的变化，这样你的生活也会相对容易一些。

关于自恋人格的治疗，我再强调最后一点：我坚信，自恋型人格障碍对亲密关系（例如婚姻）的危害最大。许多人的老板、同事、兄弟姐妹、朋友或邻居都是自恋者。与这些人相处虽然不易，但他们对你的影响远远没有自恋伴侣对你的影响大。亲密关系的原始性和情感性表明，自恋伴侣缺乏同理心、易怒易躁、冷淡漠然、控制欲强和变幻莫测，会对感情中的另一方的生活和内心世界产生巨大影响。亲密关系能够激发出我们最好一面，也能释放出我们最坏的一面。但对于一个患有自恋型人格障碍的人来说，根本不具备亲密关系的深层情感需求。治疗不能改变一个人肤浅的认知。此外，自恋之人善于利用亲密关系，慢慢将与之关系亲密的人折磨得心力交瘁。

婚姻疗法中，重点是挖掘夫妻双方的包容心和忠诚性，这是婚姻和固定伴侣关系中最强大、最重要的方面。没有包容心，感情就难以发展。人无完人，但是若要建立和维系相互尊重、充满关爱的感情，包容是根本（也是挑战）。但是如果伴侣是一个自恋之人，你的包容心对你来说就是危险的。在与自恋者的感情中过于强调包容心，往往会让你始终觉得自己不够努力，容易“放弃”，不够宽容。自此你就陷入了不断的自责，生活越来越支离破碎，开启无限的恶性循环。一旦你确定自己的伴侣就是一个病态自恋者后，我倒是鼓励你包容，但要明智地包容（因为他们不会改变，你也不要抱有拯救的幻想），这种包容心能够助你走出自我怀疑和自我鞭笞，开始审视自我价值，进行自我评价，以明智的方式做出最佳决定，不再茫然不知所从。你不再把伴侣视为怪物，而是接受他复杂的自恋现实，并依此做出明智的决定。

因此，即使患有自恋型人格障碍的人接受治疗，即使他也发生了一些变化，朋友、家人或同事也能看出他的变化，但是作为伴侣的你可能很难感受到他的变化。处于亲密关系中的人一般不太可能发现自恋者发生的微妙变化。亲密关系中有情感需求，需要同理心和行为的持续性，但这一切自恋者都给不了，因此微小的行为改变可能会减轻生活中痛苦，但痛苦仍然存在。行为的部分改变可能会使你日常生活的某些方面轻松一些，但自恋之人的精神空虚和肤浅认识是难以改变的，这又恰恰是影响感情的因素。以前你的伴侣和你约会时总是迟到，对你不闻不问，经过治疗后，他可能会准时回来吃饭，但依然对你不闻不问。或许对你来说，准时可能就足够了——究竟是否足够也只有你自己知道。

## 其他诊断

诸如自恋型人格障碍的人格障碍通常会与其他精神疾病同时发生，如抑郁症和药物滥用症。朗宁斯塔姆的早期研究表明，近一半的自恋型人格障碍患者也同时被诊断出患有抑郁症，25% ～ 50% 的人同时患有药物滥用症。其他与自恋型人格障碍同时出现的常见障碍还有躁郁症和进食障碍症。患有药物滥用症的人患上自恋型人格障碍的概率很高。自恋型人格障碍需要复杂的临床诊断，这也使得这种疾病更加复杂。也正因为其复杂性，所以让你感到难以选择离开。

患有自恋型人格障碍的人往往会对毒品和/或酒精上瘾，这也不足为奇。由于他们不懂得调节自我意识或情绪，善于依赖外部的认可来维系自己的身份，因此毒品和酒精成为他们维系身份的又一个外在“工具”。吸毒和酗酒快速有效但是很容易失控。与瘾君子的感情极具挑战性，也是对感情的极端考验。吸毒/酗酒之人的许多特质都与自恋型人格障碍患者的特质相似：否认、撒谎、投射、自私。如果一个自恋之人同时又是一个瘾君子，那么这些特质就会更加强化，难以控制。当因酗酒或吸毒感到极度兴奋时，他们的判断力更差，交友界线更模糊和信誉更差，脾气更加暴躁，情绪管理失控。

自恋者往往内心脆弱，也是因为他们自尊心脆弱，依赖于他人的判断，所以容易抑郁也是常理之中。当他们（尤其是男性）情绪低落时，很可能会比平时更加急躁，更加孤僻，只专注于自己。自恋者重外在轻内涵，如外貌，又不懂得调节自我意识，这也会导致各种失调，如进食障碍症。然而，与自恋型人格障碍同时发生的障碍中，躁郁症通常是最严重的。反反复复的躁狂和抑郁，再加上自恋者本身的症状，如自大自负和自命不凡，都会致使自恋症状愈加强烈，破坏性更强。

滥用药物和酒精、抑郁症、躁郁症和进食障碍症都属于可控障碍。治疗可能需要一些时间，有时需要结合药物治疗和心理治疗，但研究表明治疗效果良好。因此，如果治愈了自恋型人格障碍患者的抑郁症或酒精滥用症，相比之下患者就会更快乐、更有活力，头脑更清醒。这是一件好事，但你仍然需要应对自恋型人格障碍的症状。如果你与患有自恋型人格障碍和其他障碍的人建立了感情，你会注意到他的某些问题是可能通过治疗而改善的，但有些行为模式，特别是自恋的关键特质，如自命不凡、缺乏同理心、情绪无常、自尊缺陷是永远不会改善的。而你考虑到伴侣的其他健康问题（如上瘾症或精神疾病），会让你在与他们进行交流或决定离开时，纠结不定。

我们最期待自恋者改变的行为——缺乏同理心、自命不凡、自大自负——往往是最难以改变的，因为这些行为与自恋型人格障碍的核心问题（如无法调节自我意识）密切相关。轻微适量地感受这些行为倒也无伤大雅，但作为伴侣，日复一日地面对自恋者的这些特质，绝非什么乐事。有时自恋者犯了大错被你发现，比如不忠，他的行为模式或有短暂的改变，但由于这些模式与自恋型人格障碍的核心症状密切相关（渴求他人的赞美和认可），他很快又会回到原来的行为模式中。

## 既然自恋者不会改变，那该怎么办？

我计划写本书时，正是“我应该留下来吗？”这部分的内容促使我提笔而书。如果书中只涉及一种选择，或者书名叫“你的伴侣是个混蛋，请离开”，那写起来也容易得多。然而事情没有这么简单。我在治疗患者的过程中，听到了人们对与自恋者感情困境的叙述，我深深感受到他们的痛苦与挣扎。对于无法摆脱的困境，他们不想（或感觉无法）离开，但同时又深感痛苦和受伤。

心理治疗过程中，那些挣扎在与自恋者感情困境中的客户坦言，分享和讨论自恋者的行为模式对他们有很大帮助。讨论过后，他们发现原来感觉混乱无章的生活实际上是可以预测的，虽然令人不悦但确实可以预测。我们帮助他们明确了那些让他们备感痛苦的自恋行为模式，并且我们能够预测这些模式。许多客户都对我们预测的自恋行为模式框架感到满意，但也很失望，因为面对这种模式，任何想要改变这一模式的想法都是痴心妄想。此外，客户们提到了许多他们不想或者不能离开的原因。但是，如何让选择留下来的人做好准备是一个很棘手的问题。我们所治疗过的客户、采访过的人以及与我交谈过深陷自恋者感情困境中的人，大部分都没有做好离开的准备。我不能直接告诉人们“你应该离开”——我的职业责任是配合客户，支持他们，帮助他们理清现实，为他们提供相关科学知识，制定适合他们的策略，让他们的生活更健康、更充实。本章我将为你介绍选择留在自恋者身边能够采取的策略。

## 管理自己的期望

我承认，对于感情而言，这不是什么好方法。健康的感情应该是共同成长、共享经历、相互尊重、快乐幸福的（如果你足够幸运的话，还会充满浪漫和身体享受）。健康感情中的健康期望包括对自我提高、新机遇和互惠互助的期望。读到这里，你或许从未有过这些健康的期望，也或许早就摒弃了这些期望。现在的你只是活着苟且偷生而已。如果期望的标杆再低一点，或许你就要挖个地道才能钻过去了。你的伴侣为了满足自己的期望已经给你打了很长时间的电话，而你一直是接电话的人，却从未有过任何要求。你可能很早以前就学会了委曲求全，为了维系感情一次又一次地重塑自己，屈服于各种情况——如他那强烈的控制欲、他的欺骗、他的愤怒、他的无视、他的侮辱、他的各种否定——久而久之，现在的你对这一切已经习以为常了。

我记得我采访过一对夫妇。有一天我会见了丈夫。丈夫非常清楚地表达了他对妻子的期望。他说：“我希望她始终并且永远把我放在第一位。我在一切之上，就算我们的孩子也要排在我之后。下班后，我希望所有的事我们都一起做。我希望她对我永远没有秘密。我也不会对她有任何秘密。我还认为，与朋友聚会时我俩都应共同参加，因为我不想让任何人占上风。”他的一番话，让我觉得耳目一新（是的，耳目一新）的是，这些话绝对都是诚实的。这个人明确地表达了他那些极端的愿望。这些愿望甚至在这对夫妇结婚之前就已经明确了。他还说：“在这一点上，我决不妥协。决不。”不用说，他们的感情并不美好。但是从某种程度上说，她以为随着时间的推移，他会改变自己极端的基调。不幸的是，基调一般不会改变。别人已经明确告诉了我们他们想要什么，只是我们自欺欺人地认为，只要我们坚持的时间足够长，他们就会改变他们的期望。对于患有自恋型人格障碍的人来说，这是不可能发生的改变。

与自恋者的感情中，一方付出了一切，而另一方（自恋者）却永远只知索取，甚至像现代玛丽·安托瓦内特[①]一样把你呈上的面包屑扔到一边。陷入与自恋者感情困境的人通常将他们的长期屈服理解为“妥协”，然而这种无休止的“妥协”必然会让他们感到沮丧，因为永远都是他们单方面的妥协，即使这样，他们仍然对感情抱有一定期望。有人告诉他们“妥协”是感情的一部分，于是他们又对自己的沮丧感到愧疚，就这样逐渐形成一个恶性循环。如果感情中的双方是互惠互助的，就不存在什么妥协。感情中的付出与索取本就是相互的，

---

① 法国国王路易十六的妻子，死于法国大革命。玛丽王后原本是奥地利公主，从小生活优渥、奢侈，根本没有体会过民间的疾苦。成为法兰西王后之后，玛丽的生活依然奢靡无比，甚至有过之而无不及。看到饥民穷得吃不起面包时，玛丽王后竟然惊讶得问道：“为什么不吃蛋糕呢？”（译者注）

如果付出有所回报，你就不会认为那是一种妥协。

和自恋的伴侣起起伏伏地生活了数月或数年后，你才意识到自己的期望永远得不到满足，但也没有做好离开的准备。这段感情已经把你折磨得筋疲力尽，伤痕累累，每天重复着同样的生活。当你的期望一而再再而三地破灭时，你的每一天就像一个没人出席的儿童生日派对，落寞无望。虽然大多数处于这类感情困境中的人可能都以为已经“适应”了每天的失望，但其实你没有。每天失望的经历太过痛苦，让你难以面对。

没能按时赴约，不回家吃饭，取消你的约会之夜，不听你诉说，这些只算是一些小失望。取消了你的度假计划，孩子的生日聚会迟到，不支持你的事业发展，这些应该算大失望。当这些大大小小的失望叠加在一起接踵而来，怎能不令人心伤？失望成了你的新常态，但永远不会真正成为你的常态，因为每次只要有机会出现，你都认为他能够做好。你总是相信，这一次他可能会有所不同。

尽管你的期望总是破灭，但你们的生活中仍然有一些固定的惯例，比如早上的惯例、睡觉的时间、工作或家庭的责任、用餐、一般的日常惯例，但是即使是这些惯例，他也有可能经常不遵守。破灭的期望只是这其中的一部分。你已深陷其中，以至于有时你看不到因这些失望所付出的代价。就像书中开篇讲到的约翰和瑞秋的故事一样，她已经习惯了吃冷餐，因此开始相信千层面就应该凉着吃。

并不是所有破灭的期望都是“过程化的”。行为中表现出的失望（例如迟到、爽约、忘记生日）还比较容易理解。而缺乏同理心，缺乏关爱，缺乏支持，这样的失望才是最难以接受的。一个人开启一段感情后，他通常都希望两人能有共同的目标，能够相互理解和相互尊重。如果生活中的日日夜夜、年年岁岁面对的都是这样的失望，其失望程度远比他错过一次聚会或晚餐带给你的失望大得多。这样的失望给你带来的是孤独感。世界上最可怕的孤独就是在感情中感受到的孤独。

所以日复一日，你一直期待着伴侣的回应，但是永远也等不到，就像一辆永远也等不到的公交车。要是你能找到一种方法不再让自己继续盲目地等待呢？要是你能满足自己的需求，不再让自己被无视、冷漠和孤独所吞噬呢？若想实现这些，你就需要管理自己的期望。首先从如何在感情中分享信息开始。本章稍后的部分中，我将为你提供一些策略或“解决方案”，教你如何在感情中分享不同类型的信息，从而获得所需的支持，保护自己，避免或学会避开伴侣的一些最坏反应。

## 领域和代价

建立感情需要激情与新鲜感，而熟悉感则是维系感情的粘合剂。想一想我们熟悉的生活领域。在一个地方生活了一段时间后，如果那里是丘陵地带，我们骑车时会习惯性加大踏板的力度；如果是天气热的地方，我们会习惯性地穿一些轻薄的衣服。感情亦是如此。一个人在一个地方住久了，就不会期望那里的地理环境会在一夜之间发生变化。如果你生活在芝加哥，就不会期望 2 月的早晨醒来温度达到 27 摄氏度；如果你生活在洛杉矶，就不会期望繁忙的早晨高速公路会畅通无阻；如果你生活在爱荷华州，就不会期望窗外能看到 12000 英尺高的山峰；如果你和自恋者生活在一起，就不应该期望他会给予你尊重和同理心。熟悉并不总是一件好事，有时熟悉的可能是不愉快的感觉和模式。但熟悉的事物是你所了解的事物，即使给你带来了伤痛，仍然具有奇怪的诱惑力和安慰性。

不幸的是开启一段感情是要付出代价的。从感情开始的第一天起，你就应该意识到感情的价格，但你却置之不理，因为你认为不应该这样想。现在，无论你承认与否，你都已经意识到为这段特殊的感情所要付出的代价。正常的感情中，人们要付出的代价很低——他想每个周日看足球赛，她不喜欢开空调，他不喜欢你那匹兹堡的表亲，她总是把毛巾扔在浴室的地板上——这一切都是你能接受的（或者不能接受的）。事实上，这些事都算不上什么“代价”。如果这些事影响了你们的感情，你要么想办法解决要么离开。与病态自恋者的感情，所要付出的代价要高一些，但本质上说，与扔在地上的毛巾没有什么区别。然而，由于自恋者对精神上的“要求”更高，因此你所付出的代价又不如地板上的毛巾那么明显。

诚然，交流沟通始终是感情这趟列车的第一站，但很多时候，你对自恋伴侣付出的“代价”会让你变得脆弱：不正当的关系、交友界限不清的问题、对你无端的指责、冷漠无视。我的客户在决定如何处理与自恋伴侣的感情时，遇到的最大障碍之一就是意识到自己所付出的“代价”，并且承认这些代价都是真实的。人们如此执念于他们的伴侣可以改变的想法，以至于难以接受（甚至有点愤世嫉俗）感情需要付出代价或者生活领域中的环境不会改变的事实。再说，一个事业成功的自恋伴侣可以为你提供舒适的生活条件，有时即使过度自大自负的自恋者也会充满爱意，表现得慷慨大度。这一切看上去很有诱惑力，但都是需要付出代价的。你为想要的财富和舒适感付出的代价可能就是接受他的变化不定、不可预测，对你的时冷时热。因此，当你反思自己舒适的生活时，想到为之所付出的代价，可能就没有那么舒适了。

我在工作中，经常听到这样的故事：在绅士们（通常是相对年长的绅士们）面前，女性轻易就会沦陷，因为这些绅士们能给她们带来财富、便利、舒适和不必工作的自由。这些绅士很有可能确实比普通人具备更多的自恋特质。看到自己富有的恋人与其他年轻貌美的女性调情时，谁能不生气？但当告诉她们这就是代价时，她们通常都是一脸不悦。大多数女性都把自己当成了灰姑娘，从所有人中脱颖而出，迷住了王子。你可能会迷住王子，但别忘了王子通常都是后宫佳丽无数，绝不可能只钟情于一人。这种想法虽然有点玩世不恭，但也是一种现实——维系感情的代价有时是物质上的（我会让你过得舒适，但你不能阻挡我做自己的事情），也有可能是心理上的（忍受控制、冷漠或无视）。

付出心理代价最常见于感情中存在“不正当”关系的伴侣中——这些不正当关系可能尚未全面展开，但也难以通过伴侣的“气味测试”。

记住，自恋者每天都需要自恋补给的货船驶入港口。没有哪个人能够做到这一点，因为自恋者不断要求新鲜的和新形式的认可，很快就会对你送来的东西感到厌倦，并且要求更多。此外，由于自恋者都是马基雅维利主义者（还记得黑暗三人格吗？），他们善于规避风险，手中总是有多套计划。如果你和他吵架了，他们就会另找一个人，从她那里寻求认可、鼓励和调情，而不是自我反省或与你交流如何改善你们的关系，共度困难。自恋者是一个常见的犯罪者，他与以前的伴侣、调过情的同事以及在这里或那里随意遇到的人都保持着模糊的界限。依据法律，他的行为表面上并没有“触犯”任何法律法规，但是午夜传来的刺耳的短信声，以及他鬼鬼祟祟的行为总是让你感到不安。自恋者“需要”低俗的玩笑、艳俗的图片及其他无意义的东西度过每一天。

所以，你可以按照大多数爱情书籍中的建议去做（这是必不可少的第一步），和他进行沟通。理想情况下，他会配合你，不会情绪化、难以捉摸、矛头指向你，你也能掌控自己的情绪。当你告诉你的伴侣，半夜里他与别人的深夜交流和不恰当信息让你感到不舒服后，你的伴侣可能会在一段时间内有所收敛，但自恋供给的诱惑力压倒一切，很有可能，你的伴侣会更改手机密码或联系人的姓名。由于我的职业性质，我为许多客户进行过心理咨询，目睹了无数人因“我在他 / 她的手机上发现的内容”而伤心落泪。他们也承认，监查伴侣的手机已经成为一种毒瘾，掺杂着恐惧、厌恶和不知所措。渐渐地，他们的感情慢慢地演变成了对伴侣的监控和自我焦虑，并将他们最糟糕的一面释放出来。自恋者不会改变，他依然会维系或至少不排斥那些不正当关系。所以，你要么适应他的这种怪癖，要么离开——没有第三种选择。我敢用“电话测试”来试探每一段感情。简单来说就是，你是否愿意将你的智能手机交给你的伴侣，告诉他所有的密码，给予他全部访问权限？他也愿意这样做吗？如果答案是否定的，那么就要认真考虑你们之间的感情。

再想一想养育孩子的问题。如果你有孩子，你应该很清楚情况如何；有时候你感觉自己就像一个单亲家长。伴侣是自恋之人，从某些方面来说，还不如做一个单亲家长，因为所有的重担不仅由你来承担，你的伴侣还要参与其中，一有空就插手进来控制一切。如果你还没有孩子，你也得不到想象中的那种甜甜蜜蜜的家庭画面。他带给你的失望可能会让你感到震惊，因为孩子的到来意味着永恒的承诺和更多的责任感。如果你有孩子，伴侣又是一个病态自恋者，你从心理上就要做好当一个单亲家长的准备（至少在遇到困难的时候是这样）。他可能会出现在轻松快乐的日子里，而你却要承担日常抚育孩子的所有苦和累。

现在再回到感情代价的问题上。通过与自恋者的沟通，他的某些行为可能会略有改善，但是无论你试图改变哪种行为，我可以肯定地告诉你，他是不会改变的。你所要付出的代价，就是容忍你那自恋伴侣继续我行我素，无视你的沟通。如果你选择留下来，他就是你生活的领域，你只能适应不可能改变。这样做不是为了评判他的行为，而是监控你自己的反应。如果你产生痛苦的感受，那就想想如何控制你的反应，但不要指望他会改变自己的行为。这也是管理期望最难的地方，因为你唯一做不到的事就是管理感受。苏珊·桑塔格[①]曾经说过："谁也不能要求任何人改变自己的感受。"她说得没有错——你的感受就是你的感受。不要期待你的伴侣会这样做，也不要期待你有这样或那样的感受，这就是感情的代价。总之，如果你想留下来，就要习惯你生活领域的特点。冬天天气寒冷时不要感到惊讶；如果你决定留下来，就把外套穿上。

## 消息三原则

我前面提到过，如何与伴侣分享信息是管理期望的一部分。这不难，消息主要有三类：

---

① 美国作家、艺术评论家。著有《反对阐释》《激进意志的风格》《论摄影》等，在文学界以敏锐的洞察力和广博的知识著称。（译者注）

1. 好消息;

2. 坏消息;

3. 无关紧要的消息。

这三类消息的前提都相同:无须让自己沉浸于失望之中。与自恋者生活最大的挑战之一就是他们从不会倾听你的诉说。即使偶尔倾听一两回,也无非是批评你、贬低你,将你的成功视为威胁(别忘了,他们缺乏自尊),和/或嘲笑你、诋毁你或羞辱你。而你从不吸取教训,不断回头,不知趣地和他分享生活中的"点滴",结果不是再次遭到嘲笑就是被他无视,然后像一只泄了气的皮球悻悻而去,第二天再重蹈覆辙。周而复始。

现在我们来分析"消息三原则",学习如何更好地分享信息——好消息、坏消息和无关紧要的消息。

## ○ 好消息

好消息就是发生在你身上的好事:如工作中的努力得到了回报,如漂亮衣服得到了赞美,如喜获晋职,如美好心情。

★**原则**:不要与自恋伴侣分享任何生活中的美好经历。我知道这种做法看似极端。回想最近 5 次你把好消息告诉伴侣时的情况,权当是一次练习——可能是你得到了晋升,也可能是商店店员对你善意的微笑,或者拔草时发现了一棵四叶草。他听到这些好消息后有什么样的反应?列出这些好消息,旁边写上伴侣听到消息后的反应。这样的练习非常实用,后面继续坚持做几天。与你的伴侣分享一些好消息,看看他有什么回应。

当然,我无法知道你的答案,但我敢打赌,如果你的伴侣确实是一个自恋之人，就算不是100%至少也有80%的可能，他的回应都是不友好的，要么就是完全忽略不听。他们的回应无非是：“你说了什么？”“早该升了。”“升职涨工资吗？不会只是一个狗屁头衔吧？”“我敢打赌过两天你就胖得穿不了这条裤子了。”“你下一步是不是就打算和你老板上床了。”“店员夸你眼睛漂亮还不是因为想多拿点小费。”“你为什么需要别人的认可？”抑或从不回复你的短信，也从不和你分享好消息。怎么样，这说的是你吗？

有趣的是，有关记忆、回忆和认知偏差的研究表明，与善言善行相比，让你记忆更深更久的反而是那些恶言恶行。保证每天都坚持做这个练习，深入挖掘，试着回忆一下，你的伴侣有没有支持过你的情况，如果有那当然太好了，这也是他的行为模式。他可能更愿意赞美你作为家长所做的工作，而不会赞赏你在事业上取得的成绩，因为相比之下作为家长取得的成绩对他来说威胁性更小。

这就引发一个问题，如果对于这个简短的练习，你的回答显示出他的回应就是这种模式，那么你为什么要这样做？你为什么还要继续和你的伴侣分享好消息？举个例子，假如你的曾祖母给你传下来了一块珍贵但易碎的水晶。你明知一个人会把水晶打碎，你还会把这块珍贵的宝藏交给他吗？比如，你会把水晶交给一个喝醉了的人吗？交给一个小孩？应该不会。为什么？因为你知道这样的人很可能会把水晶打碎。他们可能不会故意打碎，但也根本意识不到水晶的珍贵，就算你告诉那个喝醉的人或那个三岁的孩子这个东西有多珍贵，他们仍然可能会打碎，因为他们没有保护这个水晶的能力。

你的好消息或美好愿望不是什么水晶酒杯或博物馆珍品。事实上，我认为比那些东西更珍贵。酒杯和珍品只是身外之物而已。不知道珍贵就可以粗心大意吗？这就像在法庭上，你不能以不知道这是件坏事，或者不知道事情不好或有害作为合理的辩护理由。成年人更应该了解这一点。

那么，我们再回到问题上来，你为什么会继续这么做？既然已经饱受伴侣的无视、嘲笑或批评，为什么还要与他分享你的好消息？

你之所以这么做是因为你总是抱有“这次会有所不同”的幻想（那该死的希望又回来了）。你沉浸于好消息或好事的喜悦之中，脸上泛着光芒，以为所有人都能感受到你的喜悦。另一种相对负面的解释可能是，或许你认为自己不配拥有这些好事，所以才会找一个明知会让你扫兴的人一起分享。当与丈夫分享你那来之不易的晋升好消息时，却遭到他的嘲笑或贬低，这种感觉对你来说或许有一种熟悉感，因为你小的时候可能经常遭到父亲或母亲的嘲笑或贬低。这些模式往往根深蒂固。

可悲的是，熟悉感，甚至是对虐待的熟悉感，让人们身陷困境却难以自拔。一个人能如此倔强地以同样的方式生活，或许就是其间的熟悉感让他感到满足。即使遭到批评也在所不惜。你明知道你的好消息通常会遭到他的讽刺、嘲弄、轻视或侮辱，但依然乐此不疲地与他分享。这一点就像太阳每天都从东方升起一样，永远不会改变。

这对你有害无益。长期的指责批评会侵蚀你的自尊，让你滋生自我怀疑，引发焦虑和抑郁症状，如担忧、无助、绝望、无用感、内疚感、空虚感和无目的感。

此外还有一点。我们一直谈论的是分享“好消息”（已经发生的事），但我们还有更重要的事情需要分享，而这些事可能比好消息更易碎。那就是你的梦想。当你和他们分享你的理想时更容易遭到打击。

我们对自己的梦想，尤其是新梦想、新想法或新冒险太过于漫不经心，随意地与他人分享，像一只小狗一样摇动尾巴、伸着舌头，期盼别人和我们一样兴奋激动。与自恋伴侣分享梦想，简直就是一场心理灾难。他可能会以不同于对待已经发生的好消息（如升职或加薪）的方式对待你的梦想。大部分好消息都反映了外界对你的认可，因此你已经得到了他人对你的肯定，即使你的伴侣会贬低或侮辱你的好消息，让你感到痛苦，但好消息就是好消息。与他们分享梦想或希望则完全不同。大多数自恋者都不善于鼓励他人的梦想。他们自身存在的问题，使得他们不可能真诚热情地支持你。这对你来说可能是致命的。

梦想就像我们的孩子。对于已为人父母或养过宠物的人来说，应该能找到共鸣。对于照顾我们的孩子或宠物的人，我们通常会仔细审查此人的资质和/或声誉。我们尽可能会选择我们和孩子认识的人，或者品行可靠的人。你可能每个周末都会和你那些肉朋酒友或放荡不羁的朋友们混在一起，但你绝不会把孩子托付给他们，因为这对你的孩子或宠物不利。梦想也是如此。不要把我们的希望和梦想与错误的人分享，以免他们猜疑或无视我们的希望和梦想。然而，事实上，我们并没有小心地呵护我们的梦想。

在健康的感情中，你的伴侣一定会鼓励你去“追梦”。一旦你的这个还未成形的梦想遭到嘲笑、质疑或轻视时，你的梦想可能也就万劫不复。更糟糕的是，你甚至会产生放弃整个梦想的念头。吃一堑长一智，不要再与你那自恋伴侣分享你的梦想。

一方面你不想放弃这段感情，但另一方面你分享的好消息和梦想得不到应有的回应，你的心正在慢慢流血。你的这些好消息和梦想本就应该得到祝贺、鼓励、赞美、支持和关注。然而，你却永远无法从自恋伴侣那里得到。你该怎么办?

## 解决方案

她与他相遇时，被他那富有创造性的远见卓识深深吸引，很快坠入爱河。他是一位经验丰富的资深专业人士，在这个领域里，她虽然才刚刚起步，但也赢得了不少赞誉。一开始，他是她的粉丝，给予她建议和支持，而她对于他在工作中的出色表现总是给予高度评价及赞扬。但是时间久了后，他对她的工作越来越挑剔，嫌她没有创造性，贬低她，嘲笑她。慢慢地，她发现他越来越冷漠，于是试图与他分享事业中取得的业绩来吸引他。然而，每当她与他分享好消息或征求他的意见时，他都是一脸不屑，甚至吹毛求疵。她感到失望，开始怀疑自己的表现，并怯于尝试，最终迷失了自己。后来，她不再与他分享任何有关事业方面的事，为了避免遭到批评而独自悲伤。当她的作品公开展出时，他感到惊讶不已。她发现自己的内心比以往更加平静，更加热爱自己的事业。她会在心理治疗的过程中分享她的职业发展规划，也会和朋友、同事们分享。她感到自己再次有了灵感。面对事业中的起起落落，她能够良好自控，心境也趋于平静。她知道他永远不会友好地庆祝她的成功，因此她用自己的方式庆祝，不再自我怀疑。只是一切不再与他有关。

这仍与管理自己的期望有关。第一步：列一份清单，写上人名和地点。这是你分享“好消息”的人的名单——名单中是你的啦啦队队长、支持者、那些无论成败始终相信你的人。他们可能是你的朋友、家人、同事或俱乐部、宗教社区或学校社区的成员。当好消息传来时，先告诉他们。很快，与“好消息”清单上的人分享好消息就会成为一种习惯。把你的梦想和好消息与他们分享，而不是与你的伴侣分享，是一种自我保护，也是一种自我成长。这样做你才有机会享受好消息带来的喜悦，认识到自己的价值。

那么，面对你的伴侣，有了好消息或新愿望该怎么办呢？你有两个选择：

1. 什么都不要告诉他；
2. 愉悦地与他人分享后再告诉他。

第一种选择风险较大。因为你的伴侣事后可能会发现你没有告诉他，这样也会使你们的感情更紧张，压力更大，特别是当好消息或新目标是与整个家庭有关的事，或有可能由他人提及和注意到的事，或者总有一天他会知道的事，如果选择一，就容易产生矛盾。至于选择二，因为你首先把好消息分享给了良好的“接受者”，得到了愉悦的反馈，因此你便能够承受伴侣听到好消息后给予的冷漠、侮辱或诋毁。你也能够坚定自己的立场，也不会因为伴侣的恶劣反应而崩溃。

因此，解决方案是不要先与自恋伴侣分享你的好消息。你先自己感受、享受，与关心你的人分享，先考虑自己的感受。然后再与你的伴侣分享，但不要像一个缺少父母关爱的小孩一样没有底气，而要如同一个坚强的成年人，昂首挺胸地与他分享。这时的你已经充分看到自己的价值，因此不会因为别人的不屑而玷污你的经历、希望或成就。

## ○ 坏消息

生活中不乏坏消息：失业、突然爆胎、窗户破了、账单未还……在与病态自恋者的感情中，分享这些坏消息的挑战性又将翻一倍。与好消息不同的是，坏消息本身就是一个挑战，而你的伴侣不仅不会给予你安慰，还会给你制造更多压力。如应对好消息一样，我们看看如何分享坏消息能够减少你所受的伤害。

**★原则：**就像不要与自恋者分享好消息一样，也不要和他分享坏消息。若一定要分享，一定要有准备地分享。

分享坏消息时你所遭遇的回应与分享好消息时的遭遇相似。然而，分享坏消息或信息时，你更容易受到伤害。坏消息可能涉及方方面面的问题：工作裁员、家人生病、与朋友争吵、汽车出故障、孩子成绩下降。如果自恋者听到你的好消息时态度都如此残忍，那么他们听到坏消息时的恶劣态度只会过之而无不及。

坏消息的类型：我们首先要解决的问题是坏消息有哪些“类型”。

不幸的是，由于你深陷与自恋者的感情困境中，所以你必须花时间“评估坏消息”（如果你的伴侣不是自恋者，你可以自由地分享好消息、坏消息或无关紧要的消息）。坏消息通常可分为三类：

1. 只对你个人有影响，并给你个人带来不便的坏消息（工作中面临的困难、与朋友发生的争吵、上下班路遇的交通问题）；

2. 对家人、家庭或财务有影响从而影响到伴侣的坏消息（例如，失业、汽车抛锚、洗碗机出故障、孩子在学校犯错被送回家、税务申报出问题）；

3. 让你陷入极度脆弱的坏消息（家人生病、亲人去世、自己生病或健康出问题）。

坏消息的类型不同，分享的方法也各异。

**1. 只针对你个人和给你个人带来不便的坏消息**

契诃夫[①]常说这样一句话：“傻瓜都会应对危机，真正让人身心俱疲的却是日常琐事。”交通问题、金钱问题、电器损坏、轮胎漏气、同事刻薄、报税交税，一件接一件，层出不穷。这是生活常态，大多数人都已逐渐适应，但有时生活中的问题也会给我们带来压力。于是我们需要把这些坏消息表达出来，理想情况下我们与伴侣分享自己面临的困难，得到宽慰，重新振作，继续生活。

然而，对自恋者来说，最无法忍受的就是给他找麻烦。听你分享一天中的坏消息对他来说就是麻烦。如果你的坏消息给他带来了实质性的麻烦（交通拥堵导致你迟到，洗衣机坏了导致衣服没洗），他们

① 俄国作家，剧作家。俄国19世纪末期最后一位批判现实主义作家，20世纪世界现代戏剧的奠基人之一，与法国作家莫泊桑和美国作家欧·亨利并称为“世界三大短篇小说家”，著有《变色龙》《外科手术》。（译者注）

会更加厌烦。“方便”这个词似乎更适用于描述设备或物品——手机能带来方便，洗碗机能带来方便，但对人，不应该以方便或不方便来划分。如果你的伴侣是一个自恋者，你慢慢会意识到只有你予他方便，一切才会顺利。因此，一旦你对他而言失去功能、没有作用或带来不便，你的存在便没有意义。就算你能给自恋者带来方便（例如，去机场接他，通过关系给他帮忙，持家养家，和他过性生活，精心打扮），他也顶多对你说声谢谢。然而，当你不方便时，如有求于他或由于有事在先抽不出身，需要他抽出时间，需要他出现，或者只是与他分享一些他不能或不想处理的问题，他通常都会表现出烦躁易怒，甚至出言不逊。

因此，面临挑战时，我们与人谈论是为了设法解决问题，而不是让别人给你雪上加霜。与自恋者分享坏消息，实际上是给自己增加了一个压力源：伴侣的怒火或冷漠。通常情况下，当你与他分享生活中的困难时（这些问题对你的影响远大于他），他基本不会倾听，眼睛盯着电脑、电视或手机，打着呵欠，极不耐烦甚至直接扬长而去。

很多人都强调，伴侣对自己所面临的压力表现出的冷漠和无视，是让他们感到最为心累的事情之一，就好像这段感情中永远只有自己一人在孤军奋战。

2. 对家人、家庭或财务有影响从而影响到伴侣的坏消息

这种情况更具挑战性，因为一开始，坏消息涉及的是你个人的问题——是你路遇交通阻塞，是你开家长会遇到了问题，是你的厨房用具出了故障。因此，这些问题不仅不能引起伴侣的注意，甚至还会因为浪费了他的时间而生气。

此外，这些坏消息有可能扰乱伴侣的生活。你失业就意味着家庭收入减少，孩子调皮就意味着要花时间开家长会，机器出故障就意味

着需要找人修理还要花钱。你可能经常与你的伴侣分享这些“扫兴”的坏消息，惹得伴侣生气，久而久之，你便不愿与他分享这些信息了，因为你害怕他过激的反应。但随后你又陷入了困境，因为这些消息他终将会知道，如果你迟迟不与他分享又会酿成更大的问题。

别忘了，自恋者讨厌别人给他带来不便。他们也讨厌任何刺破“完美”气球的东西。因此，任何事只要玷污了生活中的美好，自恋者就会产生强烈的消极反应。有时感觉就好像他会把一些完全非人为的事（如电器出故障）视为整个世界（和你）都在与他作对。

**3. 让你陷入极度脆弱的坏消息**

这是三种坏消息中最令人痛苦的一种，因为这种情况，正是一个人最需要伴侣关爱和陪伴的时候。正是这样的时刻，你需要听到他告诉你一切都会好起来，你需要他在身边陪伴你，给你一个拥抱，说几句安慰的话，给你一些希望。

不幸的是，当人们向自恋伴侣分享与他无关的或者悲伤的消息时，得到的通常都是伴侣的冷淡无情或冷漠无视。我记得有一个人曾告诉我，在她母亲即将去世的日子里，她那自恋的丈夫却不停地使唤她去五金店买东西。这件事过去几年后，她的生命中又遇到了一些黑暗的日子，而丈夫仍然是冷漠以对。这是自恋者肤浅情感世界的主要体现——他们不懂得投入深切的感情。因此，当遇到情感深切和伤痛的事——如你的家人得了重病，自己健康出现问题——自恋者的情感带宽明显不足，也没有表达同理心的能力。他们在这样的时候完全没有作用，也是你让他们感到“不便”的时候，因而他们不仅不会给予你需要的支持而且还会态度恶劣。当你正沉浸于悲伤痛苦之时，比如父母身体恶化需要你的照顾，而你的伴侣却在抱怨你离开太久，没人喂猫。你正强撑着应对生活中的危机，而他却是这样的态度，这对你来说可谓痛心疾首。

即使在你失去亲人时，他的行为模式也无异于此。一个人在哀悼亲人期间，最需要的就是他人的同理心。悲痛时是一个人最脆弱的时刻，这时再要面对残忍、冷漠或无视，无异于在悲伤时又重重地挨了一记耳光。同样，你的悲痛和哀悼可能会给自恋的伴侣带来不便。自恋者的字典里就没有用于安慰他人的情感词汇。由于他们不愿面对你的哀伤，你还要强忍着悲痛去安慰和安抚他们。强烈的情绪会让自恋者感到不适，悲伤又是我们所感受到的最强烈的情绪之一。在你的感情中，你总是要时时处处保证自恋的那一方得到“照顾”（安抚野兽），即使在你生活中最黑暗的时刻，也不能忘了安抚宽慰他们。讽刺的是，当他们经历失去亲人之痛时，他们会暂停一切，进入以自我为中心、以自我为参照的哀悼期，期待所有人都放下手中的事全身心地关注他们，自以为只有他们的悲伤才是悲伤。

与自恋者的感情中，在困难时得不到支持应该是最痛苦的经历之一。我们大多数人都期望感情是下雨天的保护伞，在遇到困难时，感情中的那个他能成为战胜困难的坚实后盾。你为感情付出了几十年的青春，在关键时刻，你遇到困难的时刻，心碎的时刻，最需要伴侣的时刻，他却无处可寻。这样的感情怎能让人不痛心?

特别是当你自己身体抱恙时，还要忍受伴侣的冷漠无视，更是无异于雪上加霜。这种情况比较特殊也比较独特，你的生病会让自恋者感到生气愤怒，因为你的疾病占有了他的自恋供给；他们甚至会因此而怨恨你，因为所有的焦点都集中到了你的身上；最后可能还有点焦虑。这时的他们可能会照顾你，因为他们担心如果失去你，可能就没人可以利用了。他们甚至能坚持照顾你几天或几周。但是总的来说，自恋者都不善于照顾他人；他们的骨子里就没有照顾他人的基因。当他再次回归冷漠，而你已经没有精神、没有心情和也没有体力来应对伴侣的冷漠无情时，你会感到更加灰心失落。

## 解决方案

1. 只针对你个人和给你个人带来不便的坏消息

回忆你最近给伴侣分享的四到五个坏消息以及他的反应。自恋者对待坏消息的反应通常都是冷漠无视或生气愤怒。对于需要共同面对的问题，你也几乎得不到他的支持，他也不会给予你帮助或提出解决方案。

不要有所期望，不要再把日常生活中的“问题”带给你的伴侣。这些问题已经让你备感压力和沮丧，与伴侣分享只会徒增你的挫折感，使问题变得更糟。你应对问题的能力已经受到削弱，与自恋者分享坏消息会让你的能力消失殆尽。不和你的伴侣分享这些日常压力可能会让你感到沮丧难过，甚至是孤立无助，感觉这份感情中只有自己一人在孤军奋战。你已然孤身一人，只能独自处理这些压力，就不要再给自己增加压力了。不和伴侣分享你每天面对的压力，就不必面对他的冷漠、无视和冷酷了。这样起码少了一种压力。

就像分享好消息一样，和那些有同情心的人分享你的日常压力。回家的路上给支持你的朋友打打电话，和同事说说工作中遇到的问题，和其他家长谈论与孩子有关的问题，和那些真正关心你、支持你甚至能为你提供解决方案的人多交流。你可以在社交媒体网络分享问题寻求解决方案；还可以通过运动、冥想和分散注意力来缓解压力。以上办法可能解决不了生活中的问题，但能帮助你更好地应对日常压力。

总之，你要意识到应对坏消息时你基本就是孤身一人。直到现在你还未死心，仍然期待着你的伴侣能成为真正的伴侣。真正意义上的伴侣会帮助你寻找解决方案，倾听你的担忧，引导你发泄内心的不满，并始终支持你。而自恋伴侣通常做不到这些，因而你的内心便不断滋生怨恨。你的伴侣不会开导劝慰你，自恋者的字典里没有这样的词汇。你们的感情中也不存在相互配合协作，自恋者永远不懂配合协作。很多时候，往往就是那些无休无止的等待将我们折磨得疲惫不堪。我们等待着伴侣改头换面的一天，然而这一天永远也不会到来，一切只能自己去承受。虽然痛苦却是现实，这样你或许还能找回一些自信。

2. 对家人、家庭或财务有影响从而影响到伴侣的坏消息

就管理期望而言，这方面的问题可能是最难处理的部分。如果你有伴侣，这类消息是不得不分享的，特别是那些牵扯其他问题的坏消息，如孩子、居住地或长期财务的问题。

针对这类问题，“解决方案”就是做好准备。英格玛·伯格曼（Ingmar Bergman）[①] 曾说过：“只有准备充分才有机会随机应变。”因此请你做好准备，有意识地、冷静地控制自己的情绪和期望。这样，当你与自恋伴侣分享这些消息时也能从容应对他的各种反应。你心知自恋者不可能以良好的态度对待坏消息和麻烦。很多时候，人们在分享坏消息时，总是会进行长长的铺垫，以缓解坏消息带来的影响。只可惜这些铺垫对于自恋者来说，毫无作用。

下面的例子中就是一个向自恋者分享此类消息的“坏”方法：“我知道你辛苦了一天，疲惫之下一定不想听什么坏消息。我也不想给你带来什么坏消息，别担心，我会处理好的，但是我还是想把车的事给你说一说。别担心不算严重，我已经和保险公司联系过了。我知道你很忙，希望这件事不会影响到你。”

像这样的铺垫只会让你那自恋伴侣更加咬牙切齿，不仅没有起到缓解的作用，反而让他更加气愤。你之所以准备这么长的铺垫就是因为你以前经历过向他分享坏消息的情况，因此你知道会发生什么。

从某种意义上说，你分享坏消息时对他的“顾忌”以及所做的铺垫其实是你自己在为即将发生的事情做准备。你无法控制他的反应，你只能设法让自己更好地接受他的反应。

你需要听见你内心的声音，从容地切入正题：

“我开车撞进了一个坑里，把汽车的前轮胎弄坏了。我找了拖车把车拖走了，明天才能定损，预计大约 2000 美元，保险可赔 1000 美元。”

接着就等着暴风雨的到来吧。反正躲不过，不如沉着应对。如果你知道他会发脾气，也知道无论用什么方法交流都不可能改变他们或引导他们，那就冷静地在内心默念咒语，任凭他咆哮怒吼，听他能提供什么

① 瑞典导演、编剧、制作人。（译者注）

解决方案（如果有的话），然后着手落实明天自己的出行方式。总的来说，应对策略就是切入正题并立即给出答案。长久以来，你尝试了各种“铺垫”，但还是害怕他听到坏消息后的反应。船已启航。有无铺垫他都会爆发，不如做好准备，随机应变。无论他有什么样的反应你都能承受。就像揭伤疤一样，快刀斩乱麻，当机立断。

此时，你已确定此人是不会改变的（如果你还没有确定，那我就再次提醒你：他不会改变）。因此，哭泣、大喊和抱怨并不会改变结果，只会让你丧失更多力量和精力。你完全能够预测到他的反应，也没有任何证据可以表明这次会有所不同。提前解决问题是你义不容辞的责任(是的，全靠你自己解决）。过去，正是因为你害怕他的反应，所以你才迟迟不能解决问题，结果反而让事情变得更糟。过去，正是他不肯出手相助，所以你备感沮丧几近崩溃。你可以采用以下策略：（a）不要拖延，当机立断；（b）无须为了让他有所“心理准备”而进行冗长的铺垫（这通常会导致更激烈的反应）；（c）不要抱有期望，没有期望就没有失望；（d）不要浪费时间和精力等待别人缓解情绪，直截了当陈述问题可能更有效。

3. 让你陷入极度脆弱的坏消息

如果你想继续维系与自恋者的感情，你要学会照顾自己——特别是面对让你陷入极度脆弱的坏消息的情况。极度痛苦的事情，如父母生病、孩子或其他亲人生病、亲人逝世，都会让你感到脆弱、虚弱，全身乏力。特别是你自己的健康出问题时，情况更为严重。这种情况下，你一定要寻找能够帮助你的人助你渡过难关；不要等待你那自恋的伴侣主动来帮助你。他可能也会扮演白衣骑士，但最多也就一两天，然而哀悼、治愈和护理都是需要长期持续的。若要度过这一过程，你需要资源和支持。这个时候也不要顾忌自己的感情是否真实，哪里能得到帮助就去哪里。不要试图从自恋者的枯井中汲水。

将此视为一次漫长的旅行，学会自己照顾自己（睡好、吃好、坚持锻炼、练习冥想等）。自我照顾就像存款，以备将来的不时之需。遇到困难期望伴侣一直陪伴着你，这是合情合理的想法。不幸的是，如果你的伴侣是一个自恋者，你的感情账户必定是长期透支、发挥不了作用的。因此，从现在就开始学会照顾自己，这样你就能够应对大大小小各种挑战（即使没有伴侣的支持，也能从容应对）。本章为你敲响的警钟就是：你要学会照顾自己，这也意味着你需要培养自己的社交网络。正如贯穿全书的思想，你的伴侣缺乏认知深度，变化莫测，因此你需要从其他渠道获得所需的支持。因为他们会在你需要时帮助你。这些社交网络对你的一生都至关重要。当一个人深陷与自恋者的感情困境中时，其他健康的社交关系必不可少，那能够拯救你的灵魂。只有在这些健康的社交关系中，你的同理心才能产生镜映并得以加强。照顾好自己并与身边的人保持联系，这一点至关重要。不是为了应对危机，而是为了丰富你的生活，是的，这些人会在你需要时出现在你身边（而你的伴侣做不到）。

## ○ 无关紧要的消息

这些消息主要是指一些不算好也不坏的小事，如天气、镇上正在新建的超市、刚刚落在窗台上的小鸟。最好多多关注这些小事，因为这些才是你唯一可以与自恋伴侣分享的细节。我们的生活中充满了无关紧要的问题，是发生在重大事件之间的中性琐事，充当填补空白的作用。通常，这些也是我们与陌生人谈论的话题——主要是关于当前的热门话题以及我们对周围世界的观察。想一想你在公共汽车站或机场与陌生人交谈时的情形。你们只会谈论有关航班延误啊、下雨啊或你正吃着的甜甜圈的话题。

**★原则：**关注那些你曾经认为不屑一谈的事情（例如天气）；这将是你与伴侣对话的“内容”，因为这样的话题安全，能够减少受到指责的可能性。这些看似“琐碎”的话题能够为你和伴侣的沟通架起桥梁，就算在谈论这样的话题时他依然冷漠，也没什么大不了的，毕竟这些话题内容并不重要。

如果你选择留下来，想要继续“维系”这段感情，那么生活中这些无关紧要的事就成了某种救生圈。这些琐事不具备“有效价值”，也就是说这些事无关个人或情感。与他谈论你的成就、梦想、重大事件或失去亲人这样的事，总会遭到他的批评、嘲笑，甚至无视，这难免让你感到刺痛，因此你不能与他谈论与个人真正有关的事。然而，在感情中，没人愿意始终保持沉默，这时选择那些无关紧要的话题来打破沉默是最佳选择，至少不会成为自恋者伤害你的理由。即使是这样的话题，他可能仍会设想插入一些消极思想，嘲笑你的观点，指责你无知，甚至给你贴上“反应迟钝”的标签。对此你只需淡然一笑，然后继续你的话题。你那自恋的伴侣可能并不认为你就占了上风——你只是躲过了一颗子弹，没按常规出牌而已。他甚至可能会感到沮丧，因为无法像以前那样批评贬低你，或许会另寻一个新的心理出气筒。

### 解决方案

从某种意义上说，关注生活中“无关紧要”的事作为聊天的谈资还有另一个好处，因为这样你就会刻意关注自己的周围环境。你只有用心关注周围发生的小事情，才有聊天的谈资。把注意力集中在那些不会置你于脆弱之地的话题上，同时冷静思考你是否准备好与伴侣分享你与姐姐之间的争吵，还是只想谈论即将到来的暴风雪。学着与自己的伴侣谈论生活中无关紧要的事，可以避免你经常面对的片面性评价以及因为他的无视或忽视所带来的失望之情。谈论这样的话题能够助你打破尴尬的沉默。反正自恋者也不会真正倾听，至于他们是否会对你所说的天气预报或其他平淡无奇的事做出反应，对你来说也无所谓了。你只需学会照顾自己，不要再落入自恋者往常的陷阱之中。

## 消息三原则有效吗？

有效。管理期望可以从两个层次上进行：第一，不再与伴侣分享重要的或易受攻击的信息；第二，分享消息之前，做好可能会备感失望的准备。与此同时，你还可以也应该与其他人分享消息——朋友、家人、同事、社区成员、治疗师、园艺师——使自己有机会参与人类的共享生活。

多年来，我遇到过许多人，他们的伴侣都是自恋之人，从与他们的交谈中我发现，他们的伴侣从未真正倾听过他们的诉说。他们都有着丰富的内心世界、充满梦想、有自己的故事和独特的经历，却从未与他人分享过。听他们分享自己的故事并给予适当的反馈本身就是一种治愈。接受心理咨询往往是治愈因长期得不到倾听导致的心理问题的第一步。我从未想过应该直接劝他们离开自恋伴侣，既然他们选择留下，我的工作就是帮助他们做好留下来的准备，不再对生活失望。通过心理治疗他们慢慢收获了新的友谊，融入了社区生活，与老朋友再续友谊。治疗过程中，他们的需要从朋友那里得到满足，更重要的是，没有了伴侣的嘲笑或贬低，他们也找到了生活的意义和目标（因为不再与自恋伴侣分享消息，避免将自己置于任其宰割的砧板上）——现在他们也能够更好地承受感情中伴侣单方面的冷酷。他们告诉我，现在的生活状况有所好转，因为他们不再期待平衡的感情。

你无须将自己正在如何进行期望管理和如何以新的方式应对自恋伴侣的事告诉他人——只需放手去做。因为你与其他人谈论现在使用的方法时，可能有些人会认为这种方法有些过于愤世嫉俗，他们会问：如果你不与伴侣分享任何东西，那么这段感情的意义何在？我们为什么要让他们闭嘴，难道不是应该想办法让自恋者去倾听伴侣的倾诉吗？这种方法会被贴上冷酷无情、精于算计以及愤世嫉俗的标签，这一点我不可否认。这种方法甚至还会被贴上“被动攻击”或“欲擒故纵”的标签（就此，我想问：“你想‘擒住’什么？”）。重申一下，在感情中沟通是最理想的目标，但你之所以会读这本书就是因为沟通不起作用，而且有可能永远也不会起作用。请不要试图使用这“消息三原则”去改变你的伴侣或引起他的关注，如果你这样做的话——那么这种方法就真成了被动攻击，而且同样会给你带来失望。如果你接受这种“三原则”，首先你要清晰地意识到伴侣的局限性，避免落入痛苦的陷阱之中，建立给予你支持的社交网络，不再期待拯救的幻想。就像世界上没有什么神奇的药丸能让一个人一下减掉 10 斤体重一样，这个世界也没有什么神奇的治疗技术能让自恋者产生同理心和责任心。这种充斥着不信任、缺乏分享、保持距离的感情并不适合所有人，也不是最理想的感情。然而，由于自恋者不会改变，而你又想继续维持这段感情，这些技巧有助于你在不太理想的感情中拯救自己。愤世嫉俗？也许有一点吧。毕竟生活不是童话故事。

## 这样做容易吗？

不容易。如果你不给自恋者提供供给，他们就会焦躁不安。他们的妄想症可能会发作，指责你对他们有所隐瞒，甚至认为你有更阴恶的用心。

无论如何，主动的王牌掌握在你手中：就让他们谈论自己吧。你只需微笑、点头，给予些许理解和自恋供给，说点鼓励的话语。毕竟，你已经决定留下。记住一条基本原则：永远保持自己最佳的状态。不要陷入泥潭，不要批评、指责甚至质问他们。只需微笑、点头、鼓励。他们从来没有真正倾听过你所说的话，也不在乎你说了什么，所以只说一些鼓励性的积极话语有利于你的心理健康，还能维持感情的平和，也能让你保留一丝优雅。说不定，他们可以从你身上学到一二。你已经学会不再依赖他们来满足自己的需求，把精力都集中在感情中积极的方面，或许他们也能时不时地映射出这样的行为（切记不要因此而自满，重新落入过去的窠臼中。）

由于你已经学会从感情之外的社交关系中满足自己的需求，如他人的支持、关爱、鼓励和友善，所以你不再像以前那样身心俱疲。你甚至愿意倾听自恋伴侣所说的话，那似乎也不是那么乏味，甚至产生了支持他的念头。多年来你一直憧憬着这种互相倾诉的场景：你告诉我你的故事，我告诉你我的经历，我们一起分享，共同成长。这是极不现实的想法。积年累月地追求这种美好，只会让你一次次受挫，最终精疲力竭。

通过建立社交网络直接满足自己的需求，也是存在一定“风险”的，如果我不提这些风险，那就是我的失职。经历多年的无视、忽视、批评或沉默之后，你决定与他人接触建立自己的社交网络，并开始倾诉。维系与自恋者的感情，关键因素就是否定——你和自恋伴侣的相互否定。自恋者缺乏洞察力或同理心，因此对待伴侣总体持否定态度，感情中的另一方也需要保持否定的态度，以便每天醒来仍能与那个从未支持过你的人继续生活。一旦你开始建立其他社交关系，这种否定态度就会逐渐消失。你开始得到人们的关注，这是多年来你第一次得到关注。他们懂得倾听，对你富有同理心，关心你，支持你的梦想，保护你不让你有恐惧感。这可能也是坠入爱河的成熟时机，因为被无视了多年后，终于有人注意到了你。这并不意味着你就是一个坏人或品行不端，但却可能释放心中的怨气。对于新建的社交关系需留心，设立自己可接受的界限，并思考这些变化对你意味着什么。这些关系可能相当于一个叫醒电话抑或一记耳光，也可能让你害怕。建议你寻求专业心理健康咨询师的指导和支持，帮助你顺利过渡。体验这种被爱的感觉并不一定是件坏事，如何处理完全是你个人的决定。无论如何，在感情中使用这一新方法时，这些问题都是你需要考虑的重要信息。陷入与自恋者感情困境的人每天都在否定自己，逐渐贬低自己的价值。当你鼓起勇气走出这种状态时，全世界都会注意到你。

得到支持、更加睿智的你更有能力承受日常的挑战以及我们讨论过的许多行为模式，包括自我怀疑、沮丧、困惑和愤怒。最重要的是，你不会再对永远不可能发生的事有所期望，你的需求能够得到满足，你也不会让你的愿望、梦想和成就轻易受批评或诋毁。总而言之，你已经学会了以一种现实的新方法“消灭”伴侣的自恋。

## “我爱你”悖论

这三个字最容易让人困惑和误解，弄清这三个字的意义有助于你留下（或离开，或保持清醒）。这三个字的准确意义与说这句话的人有关。我们都会说这三个字——对父母、孩子、朋友、兄弟姐妹、情人、狗和猫。

在感情中，一句“我爱你”可能隐含了以下诸多意思：如果你爱我，那么你就会支持我、保护我、听我诉说、尊重我、以我为荣，与我翻云覆雨，与我一起开怀大笑，年老时照顾我，爱恋我，陪伴我。

区区三个字的内涵竟如此之深，所以现在想想“我爱你”这句话对你意味着什么。当你对某人说这句话时，想表达什么意思。可能包含上述含义，也可能没有。我给情侣们做心理咨询时，即使他们中没有自恋者，遇到的最大挑战之一就是对“我爱你”这句话的误解，不管是哪一方说这句话，另一方都不相信。经验法则是，不要质疑那个对你说“我爱你”的人。他既然说了这句话，就是认真的。问题只是在于他对“我爱你”的定义和你对这句话的定义可能完全不同。

夫妻可能经常因为对“我爱你”的理解不同而争吵。“你这样做就说明你不是真心爱我。”真正的问题不在于这三个字，也不在于对方是否真心，而在于你没有清楚地表达你对这句话的定义、你的期望以及你想要的结果。想一想你在这段感情中的感受、你们彼此沟通和协作的好坏以及伴侣的所作所为。如果这些都没有达到你的预期，那么世界上所有的“我爱你”对你来说可能都没有意义。但是你的伴侣在说这句话时，他一定是认真的。不要把时间浪费在无谓的争吵上。反思“我爱你”这句话的含义可能也是反思你在这段感情中真实感受最有用的方式之一。一句“我爱你”可能就是随意抛出的一句话——不要赋予太多的意义，关键是要观察他的行为和对你的关心程度。说一句“我爱你”很容易，而最终能够陪伴你并全身心投入感情又是另一回事。如果你爱他，就告诉他，但不要期望他对这句话的理解和你一样。

## 启示

你之所以愿意继续留在这段感情中是因为你始终抱有几种幻想。揭穿这些幻想的面纱并不意味着让你选择离开，而是要让你清醒地认识到正是这些幻想使你陷入泥潭难以自拔。

- ▶我的伴侣会改变的。
- ▶总有一天，他/她会看到我的努力，看到我们在一起的美好。

▶ 总有一天他 / 她会醒悟，看到我们之间的爱情之光，并为他 / 她的所作所为向我道歉。

这些幻想都不太可能实现。或许，你的伴侣能维持几天或几个月内的好伴侣形象，但只要出现问题，他就会恢复原形。只要有比你更有趣的事情出现——工作中的某件事、某个人、某个机会——他就会再次无视你的存在。每失望一次，你就会麻痹自己一次。只要有一天美好的日子，你的希望就会飙升，升得越高，再度失望时，你的心就摔得越碎。最典型的情况就是，你们一起度假时，彼此放松，心情愉悦，于是你鼓起勇气，勇敢地和他谈论一些有意义的话题，结果发现他依然没有倾听。也可能发生了一件事让他感到失望，然后你们的一切又恢复原样。如果你们有美好的日子，就把这样的日子当成某种“假日”吧，毕竟“假日”不是天天都有，那就尽情地享受这鲜有的假日，储备心情以应对更多普通的日常生活。

前一章中，我提出了“足够好”的概念。永远记住，你已经足够好了，而且一直足够好，将来也一定足够好。而自恋者从不认为自己足够好，所以他总是需要寻求外界的关注和肯定。如果他自己永远都不够好，自然认为其他人也不够好，只是他自己没有意识到这一点罢了。如果他对你说：“我很空虚，我觉得自己永远不够好，所以一直以来我也认为你不够好，其实你做得已经够好了。”那将是别样的感受。如果你的伴侣真有这种程度的洞察力，那么他也就不会自恋了。

这样的幻想导致你燃起了巨大的希望——以为终有一天他会“明白”，终有一天他会向你认真道歉，就像好莱坞大片一样：忏悔，救赎。只可惜这样的事永远也不会发生。正是这样的神话让你在这些年中逐步走向毁灭。相信有朝一日他会看到你的努力，他会和向你道歉并感谢你的陪伴，这些都是天方夜谭。

救赎是宗教中、神话中、童话中（如我们看到过的《美女与野兽》的故事、《青蛙王子》的故事）和电影中才有的情节。世界各地的宗教中都有这样一条重要教义：以爱救赎。这有可能是真实的，也能带来奇迹，但自恋者是永远无法救赎的。无论你付出多少爱也换不来你所期望的改变。我还没见过哪个病态自恋者或患有自恋型人格障碍的人得到真正的救赎。从未见过。但是偌大的一个世界，我相信自恋者得以救赎的故事应该是真实存在的。朗宁斯塔姆的研究表明了情绪和情感是存在纠正的可能性的，但需要相当多的运气和时间。你未必有这样的运气和时间。

根据定义，人格障碍几乎是不可能改变的；就自恋的本质而言，除了于己有益的事，自恋者不可能具有洞察力。因此，不要把你在他人身上观察到的救赎故事投射到你那病态自恋的伴侣身上。你的希望只会浪费你更多的情感能量。或许故事中的救赎实际上是告诉你，你要找回自己，学会照顾自己，走近那些支持你和爱你的人。你可能无法从伴侣那里得到期待的最终结果，但你可以从现在开始学会照顾自己。

摒弃这些神话和希望并不容易，但是如果你想继续维系这段感情就必须这样做。神话和希望会把你折磨得精疲力竭，无谓地等待永远不会出现的结果。在这一过程中，你付出得越来越多，但是你的需要却越来越难以得到满足，就这样你逐渐迷失了自我。或许直到现在你还相信是希望支撑着你；然而事实上，抛开希望你才有可能在这样的感情中生存下来。

不抱希望，你才有机会找到自己照顾自己的方式（而不是一心竭力让你的伴侣或其他人注意到你）。抛开希望，你就不会再把精力浪费在不可能发生的事情上，而是走近那些支持、鼓励你的人和能与你产生共鸣的人。管理期望就像在情人节收到袜子一样浪漫，了解了这些原则可以帮助你更好地留下来，尽可能挽救自己，并在这段感情中拥有真实的生活。

SHOULD I STAY OR SHOULD I GO?

第 *8* 章

# 我应该离开吗？

总有一天一切都会好，那是我们的期望。今天一切都很好，那是我们的幻觉。

——伏尔泰[①]

你们的感情已经结束，你决定离开，这应该是件好事。但是，选择离开和选择留在感情困境中一样，都会让你感到困惑和痛苦。与自恋者在一起生活多年，你独自在黑暗中挣扎，你的信任遭遇背叛，成年累月没人关注没人倾听，备受忽视，生活空虚。你一心只渴望这个人能对你有些许关爱，只可惜从未得到过。其实你本可以有许多支持你的啦啦队队长，为你指引终点线的方位，一路支持你前行。

这段感情对你而言就像一座无形的监狱，不断产生的自我怀疑如同牢房铁栅栏将你牢牢禁锢其中。各种情感同时涌向你的心头：想要继续保护这段破裂感情的奇怪欲望（感情可能确实已破裂，只不过是对你而言），为这份感情的付出和投入给你带来的千头万绪，还有对未知的恐惧（心中的魔鬼可能比天使更得意）。总之，虽然他对你感情淡漠甚至不断伤害着你，你却依然深爱着这个人。

问题是："如果选择离开，你究竟害怕什么？"也许最难的事情就是走出幻觉。幻觉往往比现实更具诱惑力，多年来，你一直就像一名广告达人，精心打造你的感情品牌，以至于你自己都开始相信了。你必须这么做，否则你就难以支撑下去。

但请记住，你打算离开的这段感情中有一部分其实是你的幻觉，

① 18 世纪法国资产阶级启蒙运动的泰斗，被誉为"法兰西思想之王""法兰西最优秀的诗人""欧洲的良心"。主张开明的君主政治，强调自由和平等，代表作有《哲学通信》《路易十四时代》《老实人》等。（译者注）

是海市蜃楼——从未实际存在过，也不真实。

这样说的确很伤人。

与病态自恋者的感情通常都比较活跃，因为你在不断为这段感情编写着富有活力的故事。然而事实上，你的故事可能比感情本身更真实。从某种意义上说，走出幻想比走出现实更难。与之相比，更难的是放弃希望。你之所以能将这段感情维系如此之久，最主要的原因就是你始终抱有希望。长久以来，希望一直是你支撑这段感情的脚手架，结束感情，离开伴侣，就如同撤下这支撑你已久的脚手架一般。

如今你已意识到这段感情其实是建立在希望之上的，而非现实之上。你总是希望自己能够做正确的事，“努力做到完美”，努力做到“足够好”，绞尽脑汁让伴侣对你保持兴趣，希望伴侣最终能注意到你的所有付出。从这一点说，随着你逐步认识到伴侣的自恋模式永远不会改变，你终于将希望搁置了起来。能有这样的认识并非易事。这也算是一种退出的形式，虽然不易，但最终你会默默接受现实。

## 结束感情意味着什么？

结束一段感情时会面临各种压力、挑战和内心痛苦。无论这段感情持续了几个月还是几年，分手都是痛苦的。你可能已经思考了很长一段时间，才最终下定决心。当你决定结束这段感情时，还需要考虑到以下问题。首先是真实的实际因素：

- ▶孩子；
- ▶财产；
- ▶家人；

- ▶ 文化因素；
- ▶ 宗教信仰。

其次是心理因素——不太明显的障碍和变量：

- ▶ 恐惧；
- ▶ 羞耻；
- ▶ 愤怒；
- ▶ 遗憾；
- ▶ 旧情；
- ▶ 再次恋爱。

就你的现状而言，可能正是这其中的诸多因素导致你迟迟下不了决心，一拖再拖，进入不健康的婚姻状态。显然，在我们的文化中，尤其是对已婚夫妇来说，最大的智慧就是解决问题。对于大多数感情而言，无论是从财务、家庭还是文化的角度上说，解决问题才是最有效的。离婚对孩子和婚姻中的双方来说伤害都很大。此外，文化和宗教上还有许多禁止离婚的规定。你面对的因素越多，婚姻时间越长久，解决问题所面临的挑战就越大。然而，一味地忍耐也没有什么好处，忍受婚姻不是健康的生活。

## 投入与投资

一些心理学家运用了逻辑、量化的手段从简单的投资模型角度分析了感情中的投入。通过这一模型，你就能明白自己为什么会选择一直坚持或者选择离开时为什么如此艰难。卡里尔·鲁斯布特（Caryl Rusbult）是阿姆斯特丹自由大学的社会与组织心理学教授，他提出了一种投资模型，该模型侧重于感情投入的概念，分析了一个人投入（或不投入）感情的因素。该理论假设，要理解投入和改变的可能性，需要考虑三个因素：满足感（你对感情的满意度）、备选期望（次优选择或对备用选择期望的结果）和投资（如果离开会有什么损失，可能是实际有形的损失，比如财产和孩子，更可能是无形的损失，比如你们共同的故事和经历）。结合这三个因素，我们就能够"计算"出我们在感情中的投入。简单地说，我们需要考虑的问题有：我们从现有的感情中得到了什么，是否还有更好的人选，以及如果离开可能会失去什么。我们在心里计算，如果结果有利于我们，我们就选择留下。反之，我们就选择离开。

如果一段感情中，双方投资感情的原因相似，这一模式能够有效地解决问题。但如果其中一方是自恋者，这种模式就不起作用了。在感情中投入最多的那一方，通常都会为了伴侣的幸福，为了维系这段感情而克制自己的需要，甚至改变自己，一心只为伴侣和感情着想。投入确实能够带来红利，其他人除非特别出众，否则只能选择撤回投资，承受时间和精力的损失。如果你的伴侣是一个自恋之人，你的满足感往往很低，但你却始终心存侥幸，期待着伴侣有朝一日也能像你一样投资你们的感情。虽然有些人对这种以"投资"模式分析感情的做法感到愤怒，但这确实是一种比较客观的评估方式。

自恋者善于将生活中的一切分门别类，分别装入干净整齐的盒子里，但却意识不到生活其实是混乱的，凡事也不可能整理得那么干净整齐。因此，他们能够将工作、感情和家庭完全分开，根本不考虑这些因素之间的相互依赖性。这也是自恋者容易对婚姻不忠的原因。他们只是简单地把婚外情或出轨行为放入与婚姻不同的"盒子"里，以满足自己的各种需求。他们缺乏同理心，因此将婚外情和婚姻视为两个单独的空间，根本想不到婚外情可能会对他们的配偶或伴侣造成怎样的伤害。他们自大自负，以为自己无所不能，能够处理好妻子和女朋友之间的关系（甚至可能同时拥有多段恋情）。有趣的是，许多自恋者非常珍视自己作为父母和配偶的角色，如果失去了对他们来说也是沉重的打击。自恋者精于对生活分门别类，说明他们是以一种淡漠理性的态度看待婚姻（“我是一个有家庭的男人”或“我是一个家长”），但又不想失去这种身份（他们只是把丈夫和父亲当作一种头衔）。婚外情只是满足他们的特定需求，如果有可能，他们既不会放弃婚姻也不会放弃情妇（这是说给那些涉及婚外情的自恋者伴侣或情妇们听的，除非他被抓住，否则不管他向你保证多少次，他都不可能一心一意只爱你一人）。

能够对生活进行分区，说明自恋者对感情投资的认识与普通人不同。事实上，有外遇的自恋者也可能是一个有爱的丈夫——他的需求在外得到了满足，开开心心回到家，就能带着愉悦的心情进入配偶和父亲的区域中。自恋者得到了满足，整个世界都快乐了。然而当你意识到你婚姻中最快乐的那几个月或几年竟然是伴侣婚外情的副产品时，对你的打击可能就是毁灭性的。

感情需要投资，我们需要不断地投入有形和无形的资源。获得回报后，我们才有可能继续投入。然而有趣的是，陷入与自恋者感情漩涡的人却无视这种投资模式，尽管从未得到满足，却年复一年地坚持留在自恋者的身边。投资模式理论认为，重要的不只是你获得的满足感，还有你的投资。如果你把钱存入银行后，银行不断地取走你的钱并清空你的账户，你就会换一家银行。对感情的投资不同于存钱——

你投入的是时间、精力、希望和家庭——这些东西很难量化，即使被你的伴侣全部挥霍一空，你也很难转身就走。

这些年来，你投资后的回报并不高，因此，支撑着你继续投资的可能就是所谓的“感觉”或“希望”了。此外，熟悉的旧脚本（我们错误地称之为“化学反应”的熟悉感）被激活也是原因之一，这也是投资模式无法诠释的。投资模式比较直观、简单，也能够吸引人，但如果你的感情中幻觉部分大于现实，这种模式就难以起作用。

## 学会应对自恋的愤怒

自恋者不可能让你平静地全身而退。

让我们回顾一下自恋者易怒易躁的特质和对麻烦的态度。自恋者不喜欢别人给他们带来不便，总是疑神疑鬼，不喜欢被人戏弄，无法容忍被抛弃的感觉。分手，特别是涉及带走孩子、分割财产的分手，会对他们的生活产生负面影响，也会招来外人对他们的“品头论足”，这样的分手对他们来说就是极大的麻烦。

如果是你首先提出的分手，你的伴侣由此产生的强烈情绪可能会让你难以承受。你就等着他愤怒、悲伤、退缩，然后狂怒、报复、卑鄙——尤其是离婚——和对你的各种起诉吧（自恋者的离婚案通常都混乱没有章法，对此，离婚律师要承担一半的责任）。强烈的情绪也可能使你气馁甚至害怕。再次重申前面的一点，如果这种情况演变为家庭暴力或将你置于危险之中，你需立即求助法律机构和公共安全机构解决问题。

这种情况下，自恋者典型的行为主要表现为空洞的威胁、冰冷的愤怒、残忍的伎俩、愤怒再愤怒、恶劣的行为等，把你折磨得筋疲力尽。我曾目睹过一些具有挑战性的离婚案，其间自恋者所表现出来的愤怒，在座的听众无一不感到神经紧张。我不止一次目睹过那些忍受自恋者愤怒的人表现出的无奈、疲惫、情绪低落，有时甚至还产生了自杀的念头。自恋者的愤怒似乎取之不尽、用之不竭，以至于所有人都精神崩溃了，他们还能无休无止地愤怒谩骂。

## 自恋性自我与自恋性伤害

为什么自恋者就不能平静地对待分手之夜？主要是源于自恋者的自我。没人喜欢被人抛弃的感觉，即使是最卓越超凡的人面对别人背上行囊离他而去时，也会有片刻的悲伤和难过。就病态自恋者而言，被人抛弃的感觉更痛苦。被人抛弃的感觉将他们打入脆弱的深渊，加之他们不会调节情绪，加速了自我的崩溃。被人抛弃时，我们大部分人可能会悄悄舔舐伤口，吃点冰淇淋，喝杯伏特加，大哭一场也就过去了，但自恋者却会因此而伤心欲绝。只不过他们的这种伤心欲绝是以极其冷漠无情的方式表达出来的。自恋者易躁易怒，内心空虚，因而被抛弃后无法调节随之而来的强烈情绪，只能大发脾气。

这就引出了自恋性伤害的概念。自恋性伤害是指对自恋者的自大自负（和脆弱）的自我意识的一种威胁。你的离去，或你离去的威胁，都让他感到自己的脆弱。记住，自恋者表面对他人展现的强烈狂暴的咆哮怒吼，实际上是在掩盖极度脆弱和依赖他人的内心。你的离开激怒了他脆弱的内心，让他深深感受到了自恋性伤害。面对自恋性伤害，他们通常表现出的是自恋性愤怒。由于他们的反应太过于夸张，总让人感到害怕。但因为他们所经历的伤害直接刺痛了他们的内心，威胁到了他们的自负自大和自命不凡，对他们而言确实是刻骨的痛苦。

很多人正是因为害怕他们这种愤怒的反应，才迟迟不敢离开，一拖再拖。欲与自恋者结束感情的人经常对我说的一句话就是："早知今日，何必当初。"不过一切结束后，他们无不庆幸自己做出了正确的选择。为即将到来的痛苦和苦恼做好一定准备是有必要的（至少把自己的工作、孩子安排好，同时进行心理健康咨询）。然而，离开也是极其艰难和痛苦的，你可能试图逃避这一时刻的到来。许多人认为："我都忍了10年，或许还能再忍几年。"

不幸的是，离开对你而言也是一个可怕的时刻。他可能会出现暴力行为，你需要申请限制令或求助司法系统。他会给你发送威胁性的电子邮件、短信，给你打威胁电话，威胁起诉你、跟踪你，在你的家人、朋友和身边人面前玷污你的名声。这一切都会让你感到痛不欲生。许多与自恋者分手的人都说，他们不得不重新开始一切——不过也在此期间认清了谁是自己真正的朋友。面对自恋者的诋毁，只有那些真正的朋友才会自始至终地站在你这一边。尘埃落定之后，许多人都说，重新开始也挺好的，还认清了以前自己身边伪君子的真面目。

读到这里的人可能会想我的处境还没那么严重，我们没有住在一起，还没有结婚，也没有孩子。无论你与自恋者的感情有多久，几个月也好几年也罢，分手都是十分困难的一件事。显然，在一起的时间越长，"投入"得越多，无论从现实的角度还是心理的角度，分手就越具挑战性。然而，只要你与自恋者分手，不管你的情况如何，自恋者的反应都是令你难以接受的。

## 如何做好离开的准备

如果你正深陷于与自恋者的感情困境中，那么很可能你已经在感情中挣扎了很久。你内心充满了不满、沮丧、压抑、羞愧或自我怀疑。因此，此时的你不宜做出艰巨的转变，因为你的精力已经耗尽。总之，离开并非易事。你需要从实际和心理两个方面做好准备。

### ◦ 实际准备

由于每个人的个人情况以及感情维系时间的长短不同，因此结束与自恋者的感情时需做的实际准备也可能大相径庭。与结束短期的恋爱关系相比，要想结束一段漫长的婚姻，或者涉及孩子的感情，所做的实际准备就必须更加详细周全。然而，不论是结束长期的还是短暂感情，都要做好迎接挑战的准备。

以下是你在选择离开时需要采取的实际行动。可能并非所有情况都与你的实际情况相关，但有些一定对你有所帮助：

▶ 记录存档。

▶ 与朋友和家人保持联系。

▶ 接受心理治疗或咨询。

▶ 获取法律援助。

▶ 采取实质性的改变（换锁，确保账单，尤其是手机账单，寄到你本人手中，锁定信用卡以保证财务安全）。

▶ 在社交媒体上谨言慎行。

▶ 尽早搬走。

## ◎ 记录存档

这些措施无一不让人感到伤心。如果涉及离婚，你需要法律援助，聘请一名离婚律师，并把你的心理状态如实告诉律师。即使这样，文件证明也很重要。因为病态自恋者撒谎成性，善于扭曲事实，因此人们反而可能会怀疑你所说的一切，甚至认为是你在说谎。为了杜绝这种情况的发生，你需要把发生的一切都记录下来。把相关事件都记录下来，以便在诉讼中使用，或者便于你理清思绪。你应该保存电子邮件和短信信息。即使不是出于法律诉讼的目的，也要把这些信息保存下来，可能对你有用。例如，如果你的伴侣再次向你施展魅力，而你感觉自己又将卷入漩涡时，看看这些邮件或信息，就如同听到了警钟或挨了一记耳光，防止自己重陷泥潭。

## ◎ 与朋友和家人保持联系

此时的你可能还不愿意与他人分享你在感情中遭遇的痛苦点滴。如本书前面所提，这可能是出于羞耻之心，也可能是为了保护你的伴侣，也或许你就是一个不喜倾诉的人。但此时是时候与他人分享你的苦衷了。不要夸大其词也不要恶意诽谤，只是分享你的真实体验和感受。这样做，无论是从程序上还是对你个人而言都有益。从程序上说，如果人们了解了你的感情状况，或许就能为你提供所需要的支持（例如，为你提供一个安全的宿身之地）。分享你内心的感受和经历，他们才能更好地了解事情的原委（或许虽然你从未与他们分享过，但是他们却早已发现一些端倪）。如果你的内心又开始动摇，他们会帮助你坚定决心。他们犹如你的合唱队，提醒你过去经历了什么（或目前的状况）。

然而，自恋者的怒火也可能会波及你的朋友和家人。自恋者的愤怒暴发时，怒火会烧到你周边的每个人。你那自恋伴侣可能会将这一切都怪罪于你的朋友和家人，责怪他们鼓励你离开，责怪他们用“奇怪的想法”填满你的脑袋，责怪他们说他的坏话，甚至对他们恶语相加。这更增加了你的心理负担，因为你会对你的朋友和家人因你而承受的压力感到自责。此时请记住，发泄仇恨的人不是你，而是你的伴侣（即将成为前任伴侣）。你的朋友和家人都能理解，并直接与你并肩作战，共同抗击你那自恋的伴侣，他们更能真切体会长久以来你内心的痛苦，也能给予你更多的支持。你的自恋伴侣一直都富有魅力，至此也魅力未减，因此你身边的人可能需要一段时间才能摆脱他一直设立的好人形象。只有在他沮丧受挫时，才会表现出本来面目。然而，如果你周围的人被他所迷惑，你选择离开时，他们可能会质疑你、疏远你，甚至为他辩护。无论如何，你要坚定自己的立场；因为背后的故事你最清楚。你无须为你的决定辩护——你是经过深思熟虑才做出这样的决定的。

如果有孩子，或者是结束一段长达数年的婚姻，你肯定需要朋友和家人的支持——这既是实际问题（例如，照看孩子、留宿之地），也是心理问题。但是分享时要谨慎明智。不是所有人都会支持你。有时候，感情破裂会把一个人最糟糕的一面显露出来，而你的家人也会因为你的离婚所带来的羞耻或“有失颜面”备受折磨。你自己还在暴风雨中前行，此时的你更是无力安抚他人，所以选择支持者时要明智和理智。

## ○ 接受心理治疗

心理治疗对你的成长以及治愈你的伤痛至关重要。确保与那些熟知自恋行为的治疗师合作。警惕那些试图将你推回“沟通”道路之上的治疗师（你可能已经走上了这条路），或者那些坚信自恋者会改变的治疗师。在心理健康领域，很多人出于善意打着“每个人都可以改变”的旗号——这的确是积极的美好假设，只是不适用于自恋者。记住，付钱的人是你，如果感觉这个治疗师不能帮助你，那就再换一个。如果治疗师经验丰富，果断明智，你就有机会将你的恐惧和经历倾诉出来，找到与你有所共鸣的人。

心理治疗有助于孩子渡过难关。无论什么情况，离婚对孩子们来说都是极大的伤害，为他们提供一个客观的空间分享他们的感受和恐惧至关重要。与自恋伴侣结束感情时，心理治疗必不可少。自恋的父母只是把自己的孩子当作马前卒，用金钱或信息操控他们，或与孩子分享不适宜的细节。你要保护孩子，给孩子寻找经验丰富的治疗师，引导孩子顺利度过因父母离婚带来的生活变故阶段（最好找一位具有自恋人格专业知识的治疗师）。不要陷入伴侣给你制造的泥潭，你要打败他。为孩子设立正确的心理界限，了解孩子内心的担忧，与心理健康专业人员密切合作，帮助孩子顺利过渡。

## ○ 获取法律援助

有些离婚可以通过调解处理，但与自恋者离婚通常需要聘请律师。自恋者易于发泄愤怒并不惜重金提出不公正的诉讼，因此法律援助对你来说十分必要。

## ○ 采取实质性的改变

实质性的改变很难，但是必不可少，如换锁、分割财产、关闭账户，必要时将情况告知工作中的领导。在法律顾问的协助下完成这些改变，并要及时有效，以免财产遭受损失。重新开设一个银行账户，保证只有你自己有权支取里面的资金。确保整个程序都是在律师的指导下完成，避免在财务方面被指控操作违规。还要确保自己不要落入伴侣设计的财务报复阴谋之中——尽快将你的名字从所有共同账户中删除。同样，行动之前一定要首先咨询律师和财务顾问。

此外，如果你们有共享的手机账户，请立即撤出并建立自己的手机账户。某些共享智能手机服务也会让你的伴侣通过应用程序掌握你所处的位置，因此你需要尽早注销。如果你担心伴侣掌握了你现在所在的地理位置会继续骚扰你，记得取消社交媒体、各种网络和移动应用程序中的定位服务功能。

不幸的是，有时你可能不得不采取更极端的措施，如更换电话号码。分手时候，自恋者的愤怒会对你造成毁灭性的伤害，因此任何可以用来减少你与伴侣接触的工具、手段和技巧都可以使用，助你尽早走出困境。

## ○ 在社交媒体上谨言慎行

无论你相信与否，在这样的时刻，社交媒体对你来说都是有害无益的。如果你的孩子还未成年，走到离婚这一步时，在社交媒体上一定要谨言慎行。你在社交媒体上发布的任何照片，哪怕只是一张在某个活动中优雅地端着一杯红酒的照片，都有可能被人利用成为针对你的弹药。不要在社交媒体上抨击或批评你的伴侣，因为这样的谩骂从法律上来说很有可能对你不利。你现在可能特别想让全世界都知道你地狱般的生活（或者活得很好），请务必克制这种冲动。你在社交媒体上发布的内容可能会遭到仔细搜索，任何帖子都可能成为对你不利的武器。最好的做法就是暂时关闭所有社交媒体。

这样也是为了避免你看到伴侣在社交媒体上发布的信息。我们已经明确了解，自恋者对任何感情都不会深入。我们还知道社交媒体是自恋者的航空母舰——是他们寻求赞美和认可的乐园。我们也知道，分手会激发他们的愤怒，导致他们实施报复行为。愤怒之情很容易引发报复之心。即使你已经完全摆脱了这份感情，也从悲痛的阴影中走了出来，但是在社交媒体上看到伴侣新女友的照片、他们购物或旅行的图片，以及对你和你们曾经的感情发泄怒火的帖子都会让你感到不快，徒增压力。当你努力走出感情的伤痛时，远离社交媒体能让你的生活更轻松，这也是一种自我保护的方法。研究表明，分手后沉浸于社交媒体，不利于你走出悲痛，重新开始生活。不过，你可以把伴侣的这些恶劣行为记录保存下来，以备后用。如果你自己做不到这一点，你也可以请一位值得信赖同时有权访问伴侣社交媒体的朋友帮你记录保存这些帖子内容，因为当你借助法律手段结束感情时，这些帖子都能起到很大作用。

## ○ 尽早搬走

如果有必要，你确实需要做好尽早搬走的准备。虽然你可以控制自己强烈的情绪，但你的伴侣未必可以。当他的怒火爆发时，你回到家可能就会发现房门的锁换了，你的东西被扔在了草坪上，或者散落在家里。如前面所述，如果你的财物受到损坏，请记录下来或拍照留存证据，以备后面法律程序中使用（或仅是作为一种提醒）。自恋伴侣的愤怒可能会导致你最终仓促离家。因此，在你的汽车、办公室、家人或朋友家里存放一些生活必需品，还要准备信用卡或现金。虽然这样做会让人备感难过，但如果你有所准备，就不至于在混乱之中茫然不知所从。

## 心理准备

下面的部分相对来说更加困难——转变中必须做好的“心理”准备，以及帮助你完成转变时所持的态度和采取的措施。与“我应该留下来吗”一章中提到的一样，这需要你管理好自己的期望。

做好以下准备：

- ▶忽视所有指责和指控。
- ▶谨记你的伴侣永远不会改变。
- ▶不要回忆蜜月期的甜蜜。
- ▶接受自己的情绪——学会照顾自己。

### ○ 忽视所有指责和指控

自恋者不仅善于撒谎，还会把自己的情绪投射到他人身上。因为他们善于投射（将自己的感受投射到他人身上），同时他们不会对任何事或任何人承担责任，所以他们会把一切不顺都怪罪于他人。当你决定结束你与自恋者的感情时，做好面对无休无止的指责和指控的心理准备。有时他的指责简直让你感到荒谬——多年来，你一直害怕与他进行交流沟通，以至于他有可能会拿 5 年前你做错的一件事来指责你。自恋者都善记仇，为自己“辩护”时，随时会把猴年马月的积怨全部扯出来。这样的过程让人筋疲力尽，忍受如此这般的指责也是对你耐心的挑战。以同样的方式回应并回击类似的指责并不是理想之举，因为你永远也不可能胜出。与自恋伴侣在一起生活这么久，你深知作为斗士，你永远没有他那么强大，也没有他那么卑劣。你也清楚他的指责都是莫须有的。面对他的指责，你选择体面地沉默以对，因为你早就知道无论你说什么他都听不进去。

## ◦ 谨记你的伴侣永远不会改变

那句“他们永远不会改变”的咒语此时特别重要。当你决定结束与自恋者的感情时，他必然首先会愤怒，但也很可能试图将你挽回。此时如果你回忆初恋时的日子，通常你又会想到伴侣的魅力、自信和与你调情的场景。自恋者不喜欢失败，也可能的确不想结束这段感情——至少不想让你主动离开他们。不要期待浪漫的故事，也不要以为你们的爱情有多么伟大，他有多么不想失去你。你提出分手后，他发泄愤怒，对你恶语相加，但事后又想挽回和你的感情，也不要感到有什么奇怪的。经历了数月或数年的不愉快甚至痛苦的感情后，一切又回到起点，他再次展开对你的追求，的确会让你有一种久旱逢甘雨的喜悦。你甚至可能会相信他（你以前也相信过！），认为这一次情况不同，他一定会改变。只可惜好景不会长。如果他以良好的表现赢回你的芳心，那么他那些自恋的特质早晚会再次浮出水面，只不过是时间长短问题。多年来你一直期盼着他有所改变，暂时改变的确让你感觉良好，待他随后本性再现时，对你的打击将是毁灭性的。

## ○ 不要回忆蜜月期的甜蜜

我所采访过的人和找我做心理咨询的大多数人都说，他们依然清晰地记得恋爱时期的美好与甜蜜。经过多年的冷漠与无视，看到眼前这个“改良过的”新版伴侣，的确具有诱惑力。如果你们有孩子，有共同的生活，那么他短暂的改变对你的诱惑力就更强——以为最初吸引你的激情又“回来了”，以后自然就会好起来。这一切你都经历过，只是可能没有像这次一样走到离开这一步。毫无悬念的是，只要你们的感情中出现大问题，你的伴侣就会表现出良好的一面，但是持续几周或几个月后，又现真面目。在与自恋者的感情中，希望是最危险的。

这本书的主旨并不是评判你所做决定的好与坏，也不会在你还没有准备好之前劝你选择离开。如果你的伴侣挽留你的态度足够诚恳，你决定留下来（首先，请重新阅读“我应该留下来吗？”这一章），那么随心而留，但一定要清楚他是不会改变的，这样你起码能有心理准备。他的行为可能会发生暂时的改变，但核心问题仍然存在。回心转意所要面临的挑战是，你再次决定离开时，一切就会变得困难得多。

## ○ 接受自己的情绪——学会照顾自己

你一心一意全扑在“安抚野兽”的工作上，时间久了，以至于你都没有意识到为了维持这段感情你付出了多少精力和物质。回想过去几年的生活：日日如履薄冰，无限的失望，从未得到倾听，信任遭到背叛，每天绞尽脑汁想办法让你的伴侣倾听你的诉说，关注你或关心你。当伴侣慢慢游离出你的生活时，那就关注自己的感受吧。我所采访过的所有人都告诉我，伴侣的离开对他们来说其实是一种解脱。

多年来第一次有一种轻松的感觉。无须再去等待永远不会发生的事情，也不用时时处处小心翼翼。当意识到自己竟然在伤痛中禁锢了如此之久时，他们中的许多人都为自己感到悲哀，为自己浪费的时间、浪费的精力和在绝望中度过的生活感到悲哀。除了悲哀，人们常见的另一种反应是愤怒。是对自己的容忍感到愤怒；是对伴侣的恶劣行为感到愤怒；是对伴侣不用承担任何后果就可以与下一个伴侣开始新生活感到愤怒；是对他们付出了所有却从未得到注意感到愤怒；是对他们的伴侣堂而皇之另寻新欢，却还不知道自己错在哪里感到愤怒。

你的感受每天都会发生改变。很多人对于最初的解脱感到很美好，也有的人会因此而感到悲伤和焦虑。这些负面情绪让许多人怀疑是不是自己做错了。改变和转变本身就不易，特别是感情中的变故更让人难以接受。想一想感情本就充满快乐和悲伤，从分手的阴影中走出来也如此。如所有问题一样，你没有理由独自承受这些问题，咨询心理治疗师能够帮助你解决一些问题。在这个时候一定要照顾好自己，这听似陈词滥调，但却至关重要。良好的睡眠、适量的运动、健康的饮食和与支持你的人交流，这些都是管理痛苦情绪和应对转变的良方。

感到解脱也好，愤怒、悲伤也好，甚至恐惧都是正常的情绪。这些都是放手的自然表现。如果你的难过是因为自己仍纠结于感情中，那你的悲伤和难过就更为复杂，其间可能还夹杂着后悔、沮丧、愤怒甚至绝望。我最喜欢的作家兼诗人之一里尔克(Rilke)[①]这样描述情绪:“让一切顺其自然。美丽也好恐怖也罢。只需要昂首前行。没有哪种情绪能够永久持续。”放手的过程并不容易，难免让人感到伤悲。不

① 赖内·马利亚·里尔克，奥地利诗人，代表作有《生活与诗歌》《梦幻》《祈祷书》《杜伊诺哀歌》等。（译者注）

要压抑自己，将这些情绪释放出来，不知不觉中这些情绪就会过去，你也会更坚强。

## 寻求正义

主人把天鹅当成家鹅捉出来准备宰杀，临死前天鹅唱起了歌。主人通过歌声认出了它，天鹅因此幸免遇难。[①]

据说天鹅临死前都会唱一首美丽的天鹅之歌，是它与世再见的美好方式。如果这首歌有歌词，一定是对那些它曾伤害过或贬低过的人的道歉。

不要等待自恋者的道歉。

这样的等待只会带给你失望。我们一直以为生活是公平的，生活是公正的。

其实不然。

感情中更不存在公平或公正。

在感情中忍受了多年的漠视后，许多人最想听到的就是自恋者的道歉，希望他们能有所悔悟，承认你为他所付出的一切，承认你所忍受的一切。期待感情能步入正轨。然而等待道歉，等待“公正”对待，往往是你迟迟不愿放手的原因。好像听不到那只天鹅之歌，你的生活就无法向前。即使没有天鹅之歌、没有伟大的忏悔、没有同理心，你

① 这个故事出自《伊索寓言》中的《天鹅》。有个富人养着家鹅和天鹅，他们的用处却不一样：养天鹅完全是因为他善于唱歌，养家鹅仅为吃肉。有一次，主人准备将家鹅派上用场，但时值夜晚，辨别不出哪是家鹅哪是天鹅，天鹅被作为家鹅抓了出去。这时，天鹅唱起歌来，以表他的悲哀。歌声道明了天鹅的本性，使他幸免于死难。（译者注）

也必须学会向前看。你期待的这些从未出现过，凭什么现在就会神奇地出现？

我经常听到的一句抱怨就是“他们凭什么就能这样轻松逃脱”。谁说不能？再说了他们“逃脱”什么了？许多人都相信因果报应，认为坏人总有一天会遭到应有的报应。一切结束时，一切都必须平衡。因果报应不是这样的，生活也不是这样的。放弃这些不切实际的想法，你可以伤心难过，但是要尊重自己的感受。不过请记住，你那自恋伴侣不欠你任何东西。

这是一个痛苦的教训，从中走出来并非易事。你的世界彻底改变了。这一切结束后，你对感情的信任会少一些，怀疑会多一些，但是却更加明智了。为了生存，我们总是在改变。或许结束这段感情后，你所得到的最大意义就是：找回了自己的生活。

## 也许是我的问题？

陷入与自恋者感情困境的人，通常都会自责——不断努力却不起作用，难免让人感到心伤。通常情况下，责备自己比责备他人更容易。自己承担责任，能让你对现状有一种掌控感，能够自己“解决问题”，无须依赖他人。当然，每一段感情都应该是双向的，出了问题双方都应承担一定责任。但如果你有机会过一段暂时（或永远）没有自恋者的生活，难道不是一件乐事吗？

一个关于几只狒狒的故事或许能对此解释一二……

斯坦福大学生物学兼神经病学教授罗伯特·萨波斯基是世界上研究压力的重要学者之一。我认为他对命运转折方面的研究是迄今为止最有意义的发现之一。20 多年来，他一直在肯尼亚对狒狒进行纵向研究。有一年，某一部落中占统领地位的“阿尔法”[①]吃了附近公园垃圾桶里的肉，这些肉感染了牛结核病，导致这些雄性狒狒死亡。这些占统领地位的阿尔法都是部落里“凶残的家伙”。他们经常集体恐吓、欺负雌性和地位较低的雄性，因为占统领地位的雄性体型更大，喜欢寻衅滋事，而且每次都能占上风。只要有它们在的地方，就少不了冲突和暴力。

面对它们在部落中的胡作非为，雌性和地位较低的雄性只得选择适应。这对经常受到伤害的雌性和长期受欺负、地位低下的雄性来说是一种巨大的压力。像不像我们人类？虽然我不能将狒狒的行为诊断为自恋，但阿尔法狒狒的行为模式与人类的自恋行为极为相似。

占统领地位的阿尔法狒狒误食有毒的肉死亡后，我们首先想到的是剩下幸存下来的雄性狒狒可能会根据阶级地位取代死去狒狒的地位，成为新的阿尔法，继续以原有的方式，如欺凌弱小、暴力行事和阶级制度来维持部落秩序（在此之前，部落中不是阿尔法的雄性只得顺从地与雌性合作，忍受阿尔法的虐待和欺辱）。

然而结果并非如我们所料。剩下的雄性继续与雌性合作。相互之间心生喜爱之情，互相梳理毛发。

没有了阿尔法狒狒的统领，狒狒部落的其余成员合作力增强，暴力行为锐减，生活得更健康。压力越低，激素水平也就越平稳。此后，这些狒狒们一直过着幸福的生活。该领域的研究人员从交际、社会风气和文化行为的角度诠释了研究结果。作为临床心理学家的我对此有

① 阿尔法雄性（Alpha males）是生物学名词，指狼群中的首领。这一类型的物种，天然有一种要成为领导者、占绝对优势的基因。

不同的看法。

萨波斯基在肯尼亚对狒狒的研究值得我们对自恋行为进行认真思考。在野外，把凶残、暴力、恶劣的狒狒消除，其余的狒狒都会生活得更好。然而大多数狒狒部落却没有这么幸运。萨波斯基将"无阿尔法"狒狒部落与其他仍有首领狒狒的部落进行了对比研究，发现"无阿尔法"部落的狒狒生活得更好。有趣的是，萨波斯基发现，一旦有几只"捣蛋"的青年雄性狒狒进入部落，就会打破原有的亲切和谐氛围。这与人类社会是一致的；有时，无论是家庭、工作单位还是其他群体中只要有一个顽固自恋人格的人存在，就能扰乱整个集体的安宁。

想象一下：如果你能把所有集体中的每一个自恋的、自私自利、刻薄寡情、自命不凡（占统领地位的阿尔法）的人全部清理掉……一个不剩，你的生活会有什么改变？根据上述研究，你的生活应该就没有什么压力。你可能会更加享受你的日常生活，与他人合作得更和谐，受到的伤害也更少。最重要的是，更有利于你的身心健康。

或许最好的选择就是，远离那些人类中"处于统领地位的狒狒"，最好从一开始就不要把他们带入你的部落。总之，与自恋者在一起，尤其是自恋伴侣在一起生活，不利于我们的身心健康。和他们在一起，我们的皮质醇和其他神经激素水平都会增高，从而引发一系列的身心健康问题。基科·特格莱泽（Janice Kiecolt Glaser）[①] 及其同事所做的研究表明，人际关系冲突对我们不利，与自恋者一起生活，冲突更为激烈。

一旦自恋者从你的生活中消失，你的生活就会更健康，冲突和压

① 美国俄亥俄州立大学心理学家。（译者注）

力更少，生活更和谐。有时候问题的存在并不是你的原因。

## 如果他们离开你呢？

乍一看，他们接受惩罚主动退出似乎是一种解脱。他们主动退出，至少避免了忍受他们的恶语和愤怒的痛苦。讽刺的是，事情也没有你想象的那么容易。你付出了一切，多年以来辛辛苦苦地维系着你们的感情，结果伴侣拿起行李说走就走，这定然会让你恼火万分。很多时候，自恋者的离开的确是因为有了更好的人选——通常是找到了新伴侣——因此，虽然摆脱了他你会生活得更健康、更幸福，但他的离去仍然会刺痛你。这是被抛弃的刺痛，自己还不够好的刺痛，无论你付出多少都满足不了他的刺痛。虽然这些都不是你的错，但当他们决定打包离开时，对你而言犹如吞下了一颗苦涩的药丸。

别忘了，自恋者不具备发展深度情感和亲密关系的能力。离开他们相对容易，因为他们从未像你一样为这份感情投入和付出那么多。对你来说，虽然多年来一直生活在失望之中，但你们共建的生活是真实的。他的主动离开会让你感到受伤，感到悲伤。尽管这段感情对你来说很煎熬，但如果你仍爱着那个人，感情结束时你也会很痛苦。

你的内心可能有一个欢呼的声音，告诉你躲过了人尽皆知的那颗子弹，你可以理智地接受这个结果。他的离开改变了一切。由于你们曾经的感情原本混乱，他离开后，有些事对你来说可能更难了。因为你已经习惯为了维系感情努力付出，甚至可能会盲目地设法挽回（因为多年来你一直是这样做的）。静下心来，回忆你与此人曾经的生活状况。想清楚你想要挽回是出于恐惧、怀旧、怨恨、面子还是出于对过去行为模式的熟悉感。他的离开对你来说是一个机会，重新开始生活，建立新的社交关系，不必再生活在真空中。在挽回感情之前，想清楚你是为什么而挽回。另外也别忘了，虽然你并不自恋，但你仍然有一个自我。感情结束谁都想反击一下，特别是当你的伴侣出于骄傲先反击时，你更想反击。骄傲和爱难以同行。因而，将你的自我培养成强大有力的自我，而不是骄傲的自我。

## 避免未来再与自恋者陷入恋情

虽然难以置信，但你很可能会再次这样做。这副牌对你不利，你再次选择自恋者的可能性相当高。想一想熟悉感和化学反应的概念，以及激活充满失望的旧剧本的倾向。

由于过去的经历，你已经了解了自恋者的危险信号、行为模式以及特质特点，已经清楚自恋者永远不会改变以及你面对自恋者表现的脆弱性。你下定决心，一旦幸存下来，决不重蹈覆辙。重要的是，你要留心这些迹象和信号——尤其注意这种意识，即自恋者是人群中最具诱惑力、资源最多、最具魅力的那个人。在你摘取那个低垂诱人的水果之前，请三思。有过这段感情经历后，你可能会关注那些不那么有魅力但却善良的人，在人群中不那么“明显”的人。如果我们的社会对善良友好的品德的重视程度也像对耀武扬威气势的重视程度一样，很多人就不至于如此心碎。清楚地认识到自己的弱点，选择终身伴侣时，注重他身上的良好品质——富有同情心、心地善良、懂得尊重、有同理心——而不是昙花一现的魅力和自我。与这样的人生活久了，所谓的“爱情魔力”才会更强大。

## 治愈

一切都会好起来。时间能够治愈一切。虽然与自恋者结束了感情，但是遗留下来的沮丧、愤怒和后悔的情绪总是挥之不去。与情诗情歌中颂扬的正好相反，其实所有破碎的心都能得以治愈。虽然仍然疼痛，但伤害终会消失，而你也会更加明智。

婚姻和家庭咨询师埃莉诺·佩森（Eleanor Payson）主要治疗的对象是那些从与自恋者感情中走出来的人。她认为，当你决心离开自恋者或还未离开时，通常有三个治愈阶段：意识阶段、情感愈合阶段和自主阶段。意识阶段主要是指意识到当前状况永远无法改变。鉴于这种意识，你需要做出一些决定——虽然都是艰难的决定，但至少能够对现状有所改变。写本书时，我采访过一位心理治疗师，他曾对一位女性咨询者说："只有痛到无法忍受时，你才会产生离开的意识。"有了意识就有了可能性，即生活会变得更美好的可能性。这与主任护师凯瑟琳·拉弗昂（Kathryn Laughon）针对遭受亲密伴侣暴力的女性受害者进行的定性研究结果是一致的。当问及这些受害者们生活和感情中的重大改变时，他们基本都会说："不是不变，只是时候未到。"这种情况同样适用于与自恋者的感情。没人能告诉你怎么决定，只有你自己知道。

情绪愈合阶段需要时间、自我照顾、他人支持和心理治疗等多种因素共同作用。这个阶段因人而异，有的人需要的时间长，有的人则可能无须太长时间。具体需要多长时间没有精确的数字；可能一年后你仍在挣扎中，也是正常的。不要给自己设定期限。你还可以通过做一些其他事情加快和简化这一过程。如前所述，咨询经验丰富的治疗师，能获得实用有效的建议。多与朋友沟通，他们可以给你支持和同情，带给你快乐。

自我照顾本是一种健康的生活方式，但与自恋者生活在一起，你很少能够照顾到自己。不列颠哥伦比亚大学经济学教授约翰·海利维尔（John Helliwell）和哈佛大学肯尼迪政府学院的教授罗伯特·帕特南（Robert Putnam）通过对来自美国和加拿大各地大样本进行研究发现，我们的各种关系——不只是婚姻关系，还包括家庭关系、宗教关系、邻里关系——都会影响到我们的身体健康和幸福感。你的感情或许已经成为一种幻觉，很难满足基本的交际需求，同时你可能也没有其他可靠的社会关系（如果你的伴侣是一个自恋者，则会更加恶化你的社会关系）。维系一定的社交关系对保持身心健康至关重要。

真空式的感情促使你忽视了自己的价值；感情中缺乏相互性，说明你的伴侣不懂得照顾你。自我照顾是一项可以学习的技能。如充足的睡眠、良好的饮食、适量的锻炼、参与有意义的活动等都有助于你保持身心健康。多年来，伴侣的阻挠、破坏或批评，总让你对自己的梦想和追求望而却步，由于你总是忙于取悦伴侣，所以忽略了对自己的照顾。多年来你一直马不停蹄地为自恋者输送供给，早已身心俱疲。只有当你开始爱自己的时候，才能治愈自己，而爱自己的第一步就是照顾自己。这听起来可能有点老套，但事实的确如此。

与自恋者生活多年，你的能量几乎耗尽，因而自主阶段对你来说犹如翻越一座陡峭的山峰。与自恋者生活时的空虚以及随之而来的自我怀疑和自尊心受挫等，早就把“自主”二字从你的词汇表中去除了。意识阶段是进入自主阶段的第一步：学会自我宣传，感受他人的尊重，不许任何人再让你产生自我怀疑。有趣的是，从与自恋者的感情困境中走出来的许多人都深受启发，最后通过培训成了心理治疗师、生活导师；有的人在此过程中阅读大量书籍，学到了许多知识。自主阶段就是如何满足自己需要的阶段——可能也是最难的一个阶段。一开始你为了维系与自恋者之间的感情，没法做到这一点；但是治愈的主要体现就是你能够给予自己你的伴侣从未给予或永远也不可能给予的同理心。自恋者从未有过同理心。

## 几句忠言

事已至此，请记住……

- ▶ 他永远不会改变。
- ▶ 我再也不用生活在失望之中。
- ▶ 我可以自由表达心声。
- ▶ 我不用再自责。
- ▶ 我不用再自我怀疑。
- ▶ 我能够真实地活着，无须委曲求全。
- ▶ 我又重新找回了自己的生活。

SHOULD

I STAY OR

SHOULD

I GO?

第 9 章

# 人生新篇章

我一直相信，现在仍然相信，生活中无论遇到好运还是厄运，我们总能赋之于意义，使之富有价值。

——赫尔曼·黑塞[①]

你或许还深陷其中，你或许已经解脱，但你已发生改变。所有的人际关系都会改变我们，或多或少，总有影响。与自恋者建立感情存在风险，由这段关系带来的痛苦将深刻地改变你，让你感觉自己不再是曾经的那个自己。随着时间的推移，你一点一点地失去自己，再不是原来那个真实的自我。勇敢向前的路上，最重要的就是不要让这段关系来定义你或击溃你。我不相信你会永远地失去真我，但我相信你要找回真我确实需要一段时间。你可能认为自己是这段感情中的受害者，但实际上你不是。不要因为生活在一个充斥着自命不凡、冷漠无情、缺乏信任、贬损打击和控制的世界里，就可以丧失自己的天赋、人性和同理心。

写这本关于自恋的书让我精疲力竭、殚精竭虑，我承认这听上去确实有点讽刺。我以写作为生，这是我的工作，但写这本书却不同于以往。从某种意义上说，长期沉浸在这个主题中就像和一个自恋者生活在一起一样，正因为沉浸了如此之久，让我对自恋行为有了一定感悟，感觉从心理上像得了流感。这种流感的症状主要表现在由这种人格障碍的空虚、肤浅和不真实引发的持续性心神不安。在飞机上、咖啡馆里、办公室里以及聚会上与人们谈论这个话题时，我被这个话题引发的共鸣以及人们对自恋的误解所震惊。我希望这本书能够帮助你

① 德国作家，诗人。1877 年出生在德国，1919 年迁居瑞士，1923 年46 岁入瑞士籍。黑塞一生曾获多种文学荣誉，比较重要的有：冯泰纳奖、诺贝尔奖、歌德奖。

更全面更清晰地了解自恋这一现代流行病的广泛影响和微妙之处。这是一种在完美的文化条件下存在并繁衍的人格障碍。我们的文化就是自恋的培养皿。自恋行为的扩散将对人与人之间的关系造成极大损害。

我萌生写这本书的想法就是因为我直接观察到了自恋者对人际关系的损害。他们伤害的是人们的灵魂。这种伤害就像身体伤痛或运动造成的老伤一样：时间久了或多年以后可能感觉不到痛了；但是一旦不小心戳中伤疤，就会痛遍全身。与自恋者结束感情后就是如此。即使过去很长时间，你灵魂中的伤疤仍隐约可见。把伤痕当作荣誉的徽章、真实的生活和汲取的教训。让这些痛苦时刻提醒你，留心警惕自恋的危险信号。

我采访过的大多数人都说，与自恋者结束关系后，他们的生活发生了变化。几年后，他们不再自我怀疑，也找回了完整的自己。他们与自恋者在一起时，多年来一直如履薄冰，从未得到过关爱。他们与自恋者在一起时形成的自我怀疑蔓延到新的关系中、工作中、友谊中，甚至在日常决策中。这些习惯很难改掉。虽然我采访过的每个人都无一例外地表示，结束与自恋者的感情后他们感到了解脱，但这种解脱却又伴随着一系列情绪，如后悔、愤怒、悲伤以及担心，担心自己再也不能找回从前的自己了。

## 幸存者的人生教训

我对受访者和我的客户都问过同样的问题：你会给别人什么建议？他们的答案都是良好的生存指南，也是人生教训，教你如何避免同样的情况发生以及再次出现同样情况时如何更好地应对。值得一提的是，给出这些建议的人中有些并没有结束与自恋者的感情。

▶为自己着想，如果这段感情让你感到不幸福，就尽早结束。

▶不要为了取悦别人而委曲求全。

▶你必须维护自己的利益，明确自己所需。

▶不要失去自我。

▶关心他人的同时也要关爱自己。

▶换个角度看问题。

▶你靠希望生活，靠希望渡过难关，要知道希望是最危险的。

▶不要盲目着急，第一个出现在你身边的人不一定适合你。我们常常会因为害怕没有其他人出现而盲目选择。

▶不要轻看自己。

▶尽早离开。

▶永远不要认为自己不够好。

▶向可靠的人倾诉，他们会帮助你。

▶征询周围的人对你伴侣的看法，倾听他们的建议。

▶注意危险信号。

▶自恋者永远不知足。

▶无论你有多“完美”，只要你犯错，他们就会紧盯着你的错误不放，好像你从未做过一件好事似的。

▶不要让别人控制你的生活。

▶自恋之人永远不会改变。

给出上述建议的人，大多都与自恋者维系了长达 20 年之久的感情。这些建议主要是提醒你与自恋者保持距离，认识到付出的徒劳以及对自己重视。没有 10 多年的体验，难以把问题看得如此透彻。我们更应该把这些建议视为教训，作为前车之鉴——如何避免将自我妥协和自我否定混为一谈。在我们的文化中，“爱情锦囊”中充斥着关于妥协的理念（事实上，妥协的确是正常关系中的重要部分），以至于在感情中把屈服于自恋者的那一方贴上“妥协”的标签后，似乎就能让你的顺从、徒劳的付出和无果的期望合情合理。他们的教训以及本书的主旨在于向你阐明，什么时候该收手离开，或者如果留下，就要准备一套全新的期望和原则。

## 谨防自恋危险信号

在我的采访中，受访者提到自恋的危险信号无处不在。我将这些危险信号收集整理后，询问他们这些危险信号都是什么时候出现的。他们无一例外都告诉我，这些危险信号在确定关系后的前三个月就显现出来了。他们说婚礼当天并没有对自己的选择感到完全满意。我所有的客户和受访者都表示，这些危险信号可能就是今后他们感情中永恒的主题。以下是一些例子：

▶ 易怒问题——他会因为一些鸡毛蒜皮的事而生气。他对我的宠物、朋友和家人也不友善。

▶ 每个人都劝我不要嫁给他，或者再等几年。

▶ 我经常对他说“对不起”，不断地为他的愤怒辩解并责备自己。

▶ 他经常撒谎，满嘴谎话，以至于我都开始相信他的谎言了。

▶ 他不善于交流，也不善于倾听。

▶ 他从不帮忙做家庭琐事，想当然地认为应该全部由我承担。

▶ 他从一开始就无视我的感受。

▶ 他需要其他女人的关注和崇拜。

▶ 他经常指责我撒谎、出轨、行为不端——毫无事实根据。后来我发现，他指控我什么，他就在做什么。

▶ 只要不合她的心意，她就会和我分手，然后很快找我复合。

▶ 他喜欢在社交媒体上发布生活信息，但里面从来不会涉及我；他想让全世界认为他仍然单身，这样他就可以“上演”另一种生活。

▶ 他总是反复无常。一会生气，一会友善。

▶ 他从不让我看他的电子邮件、手机、短信和社交媒体。我不是一个多疑的人，但是时间久了，我发现从我们的第一次约会到婚姻结束那天，他一直与其他女人保持着不恰当的关系。一开始我并没有追究。真希望一开始就知道这是他的一种行为模式。

▶ 他既不愿意对我花钱，也不愿意花时间。

▶ 他爱慕虚荣，非常注重自己的外表形象。

自恋者的这些特质，特别是易怒易躁、指责怪罪、缺乏同理心、渴求赞美以及说谎成性的特质通常都会在交往初期显露出来。有趣的是，自恋现象在很久以前就开始了，远远早于社交媒体的出现。现代，社交媒体和社交设备塑造了现代自恋的新格局。智能手机和社交媒体成为自恋者手中的手榴弹。有了这些武器，自恋者能够随时随刻寻求赞美，轻易越过交友界线，对你疑神疑鬼，行事神神秘秘。

看到别人与自恋者的故事时，我们都想当然地以为自己不会落入同样的陷阱。但回头看看自己的故事，你会发现上述危险信号其实都在你的故事中出现过。这些危险信号并不是孤立的，而是出现于具体背景之下，出现在对一个人的熟悉过程中、新的经历中、开心快乐之中，甚至步入恋爱之中。刚进入热恋阶段，总是少不了温柔、专注、性感的时刻，似乎只有爱与被爱。然而，还有一个背景问题。当我们专注于美好闪亮的新恋情时容易盲目冲动，忽略显现出来的危险信号（背景）。时间久了，危险信号越来越多，远远超过爱情的甜蜜，这时也只能以“事后诸葛亮”的心态来回顾当时盲目的选择。

## 叙事的重要性

面对危险信号我们很难做出正确的回应。因为我们是人。我们不是机器人，能够识别“危险信号”并机械应对。我们会情不自禁地将自己的历史、故事、期望和希望融入生活的方方面面。如下面的例子：

▶ 是该结婚了，家人不断给我施加压力让我安定下来。

▶ 他的嫉妒和对我的控制是因为他真的在乎我；我与众不同，因为在那么多追求他的女生中，他选择了我。

▶ 他之所以生气害怕，只是因为他也有脆弱的一面。

▶ 这些危险信号是爱情的一部分。

▶ 我爱他，所以应该想方设法维系我们的感情。

▶ 我必须保护他。

▶ 我愿意当“白衣骑士”去拯救她。

▶ 我想结婚。我想要一个家。

▶ 我相信他会改变。

所有这些都反映了叙事的重要性。这些危险信号在恋爱初期显现时，我们在叙述时会刻意将其“塑造”为浪漫、激情甚至是事实。这也就印证了那句老话“爱情是盲目的”，当自恋者的行为模式化之前，人们总是抱着希望，以至于忽视了这些危险信号。随着时间的推进，叙事方式更加现实，希望开始消逝，而自恋者疑神疑鬼、易怒易躁和撒谎成性的行为模式却成为永恒。关于自恋者的危险信号我们再也编不出什么美好的童话故事了。

## 安抚野兽的幻想

我采访过的许多人，多年来一直忽视这些危险信号的存在，尝试过多种“维系感情”的方法。维系与自恋者的感情，不仅费力费心，还会让你心碎绝望。只有待到他们为了维持感情，为了证明自己，为了守住伴侣把自己折磨得身心俱疲、精力耗尽、几近将自己推向毁灭后，才会意识到伴侣永远不会改变，所做的一切都是徒劳。总的来说，这些想法表明，许多人深信，只要他们能让自恋者的生活更轻松或不断努力改善自己，就能维系两人的感情。短期内来说，这或许可行，但是如果你唯一的作用就是取悦他，让他的生活更轻松，那么这还是感情吗？不幸的是，过去，尤其是对女性而言，这就是婚姻的主流风气。在某些文化中至今依然如此。事实上，现在有些杂志上的文章中，甚至最近出版的类似“如何找到一个丈夫”之类的书中，仍然普遍建议女性要像 20 世纪 50 年代的人那样，穿上围裙，微笑着伺候他。人们总是费心地设法取悦伴侣，如下面的例子：

- 我把头发染成金黄色，始终保持身材苗条。
- 我自己挣钱，不花他的钱，不让孩子们牵绊他。
- 我承担所有的家务。
- 她要什么我给她买什么，从不让她工作。
- 哪怕是借钱也要让她过上她想要的生活。

▶我照顾家，照顾孩子，给他创造完美的环境，这样感情就能有所好转。他出轨了，我就更努力，力争挽回一切。

▶即使我知道他经常撒谎，行为不轨，从未支持过我，也从未倾听过我的诉说，我仍然坚持不去质问他，努力做一个“酷女人”。

▶我总是小心翼翼，尽己所能控制好一切，不会给他带来一丝麻烦。

▶他的童年饱受创伤，我要保护他，不让他再受伤。

▶一开始我尝试和他交流，后来开始对他大喊大叫，最后变得沉默寡言。

▶为了和他一起去度假，让他尽情享受，我经常加班挣钱。

▶我努力挣钱，这样他想工作就工作几天，不想工作也无妨。

▶我会时不时地给他打电话，让他知道我在做什么。

我们在努力“安抚野兽”的过程中，把自己折磨得筋疲力尽，备受挫折，乃至崩溃。大多数接受采访的人都承认，如果他们的安抚策略奏效了，就会产生满足感。虽然这样做如同为生活增添了润滑剂，自恋者也得到了保护，没有任何不适或悲伤感，但还是不够。往往正是这一认识成为最终击溃人们意志的那根稻草。这或许是件好事。毕竟，感情不是建立在你能为一个人做什么的基础上，而是建立在相互付出的基础上。与自恋者的感情久而久之就会走向肤浅，关注点只是停留在诸如工作的优劣、学校的好坏、头衔的高低、资源的多少、住所的贵贱，以及精修过的照片、身份地位、安静的孩子、设施齐全的房子和拥有的财产。但这些只是生活和人际关系中的一小部分。

## 为什么留下？

这实际上是《面对自恋者的伤害，是去？是留？》这本书题目中的内容。留下来的原因和离开的原因一样有意义，一样重要。选择不同，后面的故事也不同。选择留下，就要应对自恋行为的危险信号和自恋者的不良行为。留下来的原因相当复杂，虽然多数情况下人们选择留下来主要是出于一些“外在”原因，但实际上也存在深层的个人原因。采访时，我问了很多人一个简单的问题：“你为什么留下来？”下面是最常见的答案：

- 宗教、孩子、财产；
- 恐惧；
- 愧疚；
- 他是个艺术家，生性敏感；
- 我爱他；
- 我的爱能给予他创作的灵感；
- 我相信他所有的借口，能够忘记不快，只回忆美好；
- 留下来经济上会相对容易，对孩子也更有利；
- 我相信他会改变。

留下来的原因非常普遍——即使伴侣不是自恋者的人选择留下，也是基于这些原因。对于陷入与自恋者感情困境的人来说，由于未受到良好对待，这些原因可能更加尖锐。人们留下来是因为他们愿意留下来，出于内疚、孩子、财产、恐惧、爱情和文化等原因。这些原因都很重要，即使在感情中受到了不公的对待，人们始终能够回到原点，只专注于美好的时光。此外，人们选择留下还因为存在恐惧等情绪。

害怕孤独，害怕让他人失望，害怕失败，害怕一切未知。恐惧往往导致人们只关注美好的时光、叙述美好的故事、怀念过去或翻阅照片，这样才能忍受空虚，勉强度日。这些都是选择留下来合理且有力的理由，大多数人都会因此选择留下来，除非忍无可忍。

有趣的是，当客户做出留下的决定后，就会退出心理治疗。在治疗过程中，他们会分享感情中痛苦的点点滴滴，结果认识到这些点滴集合起来其实就在暗示："只有傻瓜才会留下来。"这种认知上的不安再加上恐惧情绪，很容易让他们放弃治疗，因为治疗过程总是提醒他们目前的状况。也正因为如此，这些客户会慢慢与其他朋友甚至家人断绝联系，因为他们不想面对现实。毕竟无视现实、否认现实更容易。

## 为什么离开?

当一切结束时，我问我的客户和受访者："他们为什么要结束这段感情并选择离开？"情况并不像我们想象中的那样，一个人英勇地走出前门，大声宣告："我受够了，不过了！"实际上，人们结束与自恋者的感情也是出于多种原因。

▶ 我离开是为了保护孩子，远离他的愤怒和不良影响。

▶ 我最终与家人敞开心扉，他们为我提供了经济支援，帮助我聘请律师，并为我提供脱身所需的资源。

▶ 他回到家告诉我他有了外遇，因此离开了我，娶了她。

▶ 他和我约会的同时与另一个女人暧昧，最终选择了她。

▶ 儿子给我写了一张纸条，告诉我他父亲多年来一直有外遇。他还对我做了更糟糕的事，但正是这件事让我忍无可忍，最终选择了离开。

▶我进行了心理治疗，治疗师让我看清了现实，于是我打电话向他提出了离婚。我只能通过电话提离婚，因为我知道我没有勇气当面告诉他。

▶他回到了妻子的身边。

这些都是优雅的退出。有时是自恋者选择离开（通常是为了另一个更吸引他的人）。有的人是因为对自恋者失去信任，所以选择离开。有的人是出于对其他人（如孩子）的支持或担心，最终选择走出与自恋者的感情困境。然而，就算你周围的所有人都会因为你摆脱了困境而为你暗自高兴，但对于你而言结束一段感情仍然会感到心痛。特别是伴侣离开的原因并不光彩时（因为外遇离你而去），你痛心的指数也会增加。离开恶劣的自恋伴侣应该是你最明智的选择，但你若选择留下也是有原因的，这些原因虽然不利于你的心理健康，但是你心知肚明。失去了熟悉感对谁都是一种挑战。

## 给自己写一个幸福结局

故事的最后一章通常描述的都是结局，最常见的词语是救赎、幸福、自由和欣快。但与此同时，人们也承认曾经的伤痛不会那么快就消失：把他们的声音从你的大脑中消除还需要很长一段时间；一旦欢欣过后，我就会变得沮丧；我不停地自问：“这样的事为什么会发生在我身上？”我已经饱受伤害，几近毁灭，竟然还不停地犯同样的错误。

与自恋者的整个感情之旅告诉我们：幸福的结局不会自然而然地发生，你需要给自己书写一个快乐的结局。奥逊·威尔斯（Orson

Wells）[①]说过一句名言："每个故事都有美好的结局，关键要看你在哪里终结故事。"一个故事的结局部分通常应该是整个故事的最亮点。病态自恋者永远不会改变，你受到了伤害，但你也能康复。可能在你等不到好运和正义时，世界就会给你送上一份小礼物，让你以为天平真的平衡了。

17年来，我忍受了他的自私、出轨和冷遇。我照顾家、孩子和一切，给他创造完美生活。我以为只要我一直坚持付出，一切就会变得美好。他行为恶劣时，我会对自己感到失望，几乎失去了自尊。我不知道我做错什么了，他要这样对待我！我做错了什么！有一天他回到家说要搬出去，因为他有了外遇，很快他们就结了婚。那是一段非常痛苦的时光，我的人生跌入了最低谷。在生活最低谷时，我拼命工作，尽力陪伴孩子。我感觉自己生不如死，陷入了深深的抑郁。我花了好几年的时间才走出阴影。我们有共同的朋友，又生活在同一个社区，所以我时不时地还会碰见他，现在还会经常碰到他新娶的妻子。这一切实难承受。坦白说，我恨他。最让我困扰的是，和他结束了17年的感情后，我很想知道他是否会改变，是否会改头换面。看到他没有为她而改变，我松了一口气；他还是老样子，现在成了她的问题。不用说，他们的感情也不幸福。

## 自恋具有传染性

自恋是一种有趣的病，具有传染性。这并不是说与自恋者一起生

① 美国演员、导演、编剧、制片人。代表作有《公民凯恩》《第三人》《历劫佳人》等。（译者注）

活你也会变得自恋，但与自恋者生活在一起一定会导致你产生社交退缩症，失去表达情感的能力。假如你会一门语言但是常年不用，这项语言技能就会生锈。情感也是如此。如果你的伴侣是自恋者，你就没有机会表达情感，久而久之，你会发现自己的表达能力和表达感情的能力都有所下降。此外，多年来你的感受得不到回应，于是你不得不开启生存模式（这可能十分自私，因为生存需要自私），你会发现这种“模式”也会渗透到你的其他社会关系中。与自恋伴侣生活多年，从未体验过伴侣的同理心，意味着你可能也会拔去自己的同理心，像伴侣对待你那样对待他人。这就是你的新常态。

经过观察，我们发现了一个有趣的结果，与自恋者生活多年的人，在其他关系中也会感到紧张，这本质上反映了他们与伴侣的生活模式。小心这一点，因为你的这种行为模式会疏远那些支持你的人，也会限制你与他人的情感体验。对于与自恋者的感情困境，无论你最终选择留下还是离开，治愈的过程都需要反思：为了维持这段感情你必须做出怎样的改变，以及如何让自己重新找回那个完整、充实、情感丰富的自我。

## 是我的问题，还是他们的问题？

如果你经常陷入与自恋者的感情困境，或者已经长时间陷入这种困境，你可能经常自问：“难道是我的问题吗？”与自恋者的感情之所以能够成功，主要是因为自恋者不用承担任何责任，你把所有责任都承担了下来——丝毫不落。陷入这样的感情困境时，自我反省和反思自己的行为模式至关重要。然而，如果在感情中受到了不公对待，或者感觉这段感情有问题，你尝试通过各种方式沟通解决的话，也就无须再反思了。自恋之人非常善于让别人产生愧疚感。感情是复杂的。诚然，能把100%的责任都推到你那自恋伴侣身上固然是件好事，但感情是一条双向道路，所以还是需要花点时间反思自己的行为。如果你的行为已成为一种模式，那么自我反思就更加重要。他哪里吸引了你，让你成为他的伴侣？你生活在谁的故事之中？你如何应对矛盾和批评？你如何与他沟通？想明白了这些问题，你就能从中吸取教训，为自己建立一个更健康的感情空间。

## 如何避免再次步入这条黑暗的小巷？

阅读本书至此，你已掌握了辨识病态自恋者所需的一切知识。然而仅有这些知识还不足以阻挡你再次陷入泥潭（这些知识我都清楚，但我还是选择了一个自恋伴侣）。可见，仅有知识是不够的。你陷入与自恋者的感情泥潭后，就开始逐渐忽视和否认自己的感受。即使你结束了与自恋者的感情，并不意味着你的行为模式也随之结束了。你的感受能力钝化，就有可能重复这种模式。只有让自己的感受重新灵敏起来，才能不忘曾经的伤和痛。许多人就如荷叶上的青蛙，总也跳不出自恋伴侣的窠臼。坠入爱河是最美好的感觉，而自恋者在这方面的表演比任何人都精彩。因此保持警惕，因为你很容易再次陷入与自恋者的感情泥潭，重复以前的生活模式。

此外，不要过于从自身找问题，应减轻自己的心理重担。许多人都喜欢贬抑自己，这也是老剧本了。而自恋者伴侣最擅长让你上演这些老剧本。但这些剧本不是你的伴侣编写的；这些剧本在他出现之前已经存在了，即使他离开后也会一直存在下去，除非你能够勇敢地改写这些剧本。

不想重蹈覆辙?

那就从重视自己开始。

对孤独的恐惧是驱使一个人迅速陷入感情的主要动因。由于盲目而匆忙，或者沉浸于一个真正关注你的新伴侣的甜蜜中时，很容易忽略那些危险信号。经历过一次，就会增加再次经历同样情况的概率。当遇到新的恋人时，注意观察他们倾听、分享的方式，并想一想本书开头自恋者特质列表中的内容。如果你发现自己为他们的行为找了很多借口，就要警惕自己的行为模式。请注意并警惕我们前面提到过的"熟悉感"的神奇光芒；注意你要选择的不是一个冷漠难以共处的伴侣，避免再次跳入怪圈。熟悉的感觉充满诱惑力，唯一能够确保你不会重蹈覆辙的方法就是：集中注意力，自我审视，明确表达自己的意愿。

现在的你在挑选伴侣方面应该更加理智睿智。反思过去的感情给你带来的痛苦，现在应该能够意识到伴侣身上的特质对你影响很大。年轻时的你在选择伴侣时，可能更看重他的地位、财富、吸引力、社交能力以及母亲是否会喜欢。你可能会贬低自己的价值，担心没有人会爱上你。但是经历了与自恋者的痛苦感情之后，你现在更看重的是伴侣的品质——善良、专注、专情、信任、尊重——这些才是构成幸福感情的原材料。你本人在感情中也发生了脱胎换骨的转变，有了良好的性格特点，如乐观的精神、明确的目标，可能更重要的是和伴侣情投意合。过去的你更注重那些肤浅特质，如外表、职业或年龄等，而忽视了那些能够建立深层、忠诚和健康感情的特质。从这种意义上说，经历了与自恋者的痛苦感情，或许能够让你更加成熟，能够在与新伴侣的生活之旅中建立更深层的感情。如果你能从与自恋者的艰难感情中有所感悟，吸取教训，那么你再次面对感情时就不会那么冲动，应对问题的能力更强，也更成熟。

但是这段艰难的感情经历也有可能将你推向另一个极端。因为与自恋者的痛苦经历让你肝肠寸断，当你再次遇到心仪的人之后，可能就会踌躇不决、犹犹豫豫，抑或过早地投入感情。对于任何伤害，无论伤心或是绝望，都需要时间治愈，但仍要敞开心怀。活在当下，无须勉强。你已经在与自恋者的感情泥潭中对自己否定了数月或数年，现在开始享受生活吧。提升自己，培养兴趣，对生活充满激情和希望。培养强大的自己，只有你自己越强大，你的判断力才越敏锐。爱情是生活的美好附加项，你选择的伴侣将会配合你、支持你、尊重你。从此，迈开大步，无须再过如履薄冰的日子了。

## 生命中还有其他自恋者怎么办？

很有可能你的生活中不止一个自恋者。除了你的伴侣，你的家人、朋友、同事或邻居都有可能是自恋者，如果你阅读了本书，可能也在他们身上发现了自恋者的一些行为模式。如果你敞开大门让一个自恋者进入你的生活，其他自恋者也会接二连三地跟着进来。由于你已经习惯了自恋者的行为模式和生活节奏，因此你也可能会容忍他们的行为。

虽然本书主要是关于亲密伴侣的自恋行为，但是书中探讨的自恋模式、危险信号、自恋特质以及给予的建议也适用于生活中的其他病态自恋者。浪漫关系中存在一些独特的因素，导致我们因为自己的情况做出“不健康”的选择，但我们也可能交上自恋的朋友，工作中遇到自恋的同事，家庭成员中也有自恋之人。对于生活中的其他自恋者，书中提到的原则也同样适用：管理自己的期望，学会应对他人的愤怒，感觉他们带给你的感受，清楚这些人离开或继续留在你身边将给你带来的后果。最后，告诫自己他们永远不会改变。

最后一个问题是关于儿童自恋的问题。解决儿童自恋的问题恐怕另需一本书。根据定义，儿童是自恋的，倾向于关注自我。他们的大脑和心理仍在发育中，因此我们作为父母、监护人和老师必须言传身教，教他们富有同理心，懂得相互尊重，学会调控情绪。要做到这一点，我们需要陪伴孩子、倾听孩子、监控自己的行为和调节自己的情绪。然而现代技术、一身多责、消费主义和胜者全拿的思想为我们的这项工作增加了难度。再难我们也要倾力而为。既然你已经全面认识到自恋行为带来的巨大伤害，以及自恋者的空虚生活，那么就请务必留心引导你的孩子远离自恋这条道路。这样，我们不至于把孩子培养成自恋者，让孩子们有较强的自我意识，如果今后自恋者不可避免地进入他们的生活，他们也不会成为自恋者的牺牲品。

## 自恋者结局如何？

看着一个自恋者变老应该是一件奇怪而又病态的事情。自恋者全靠年轻、身份获得的机会、财富和生活——而这些往往会随着时间的推移而褪色。最幸运的自恋者是那些在生命结束前仍能保持经济富有、地位高贵的人。他们拥有源源不断的宾客、仰慕者、谄媚者和年轻伴侣。自恋供给络绎不绝地驶入他们的港口，直到他们生命终结。在外界眼里，他们的生活仍然空虚，但他们自己很满足。只要你没有卷入其中，也就与你无关。

然而，对于那些最终没能维持这样生活的自恋者来说，结局就比较惨淡。自恋者贪得无厌、操控他人、易怒易躁、自大自负、自命不凡的特质都会让他们陷入困境，晚年时，他们会发现自己再也得不到以往的光辉。通过观察，我发现许多自恋者步入老年后无依无靠，或者靠着有钱朋友的慷慨施舍生活，或者在养老院孤独终老（许多自恋者都遭到了家人的抛弃）。自恋者是凭借外在属性——外表、成功、口惠、财产——作为生活的筹码，当这些外在的东西消失后，由于他们从未重视过内心世界的发展，又缺乏长久的友谊和感情，因而难以应对老年时的生存危机。关系肤浅的朋友是不会在你生病时开车送你去看医生的。

他们内心空洞，拥有的也只有过去的辉煌、曾经居住过的地方、拥有过的东西、曾经认识的人、过去的生活。自恋者的结局通常都是孤独终老，绝望无助。我们的社会有部分人歧视老人。退休对于那些有完整生活和良好人际关系的人来说是有利有益的——正是收获幸福生活果实的时刻。然而对于自恋者来说，随着身份地位以及前呼后拥式生活的消失，他们的结局往往是人生故事中最悲伤的部分。家人可能会在自恋者生命结束时再次出现，要么是来继承遗产和其他肤浅的物质财产，要么完全出于内疚，因为内疚是自恋者的家人与自恋者之间仅存的东西。

并非所有的故事都有幸福的结局——有的故事只是有结局而已。有结局就好。

## 勿失博爱之心

这极具挑战。如果你的个人生活、家庭生活或职业生涯中都没有与自恋者长期接触的经历，不了解与自恋者在一起的情况，可能仍会相信第二次机会和救赎（那样的话你可能也就不会读本书了）。你愿意给他人 100 次机会，但做无妨。但对于自恋者，你深知结果会怎样。如果你真打算给你的伴侣第二次机会，首先要确保你的期望符合现实。例如，如果自恋者一次不忠，你原谅了他，那就设定一个闹钟，他会再次不忠，只是时间问题。调整你的期望，适应他的背叛，因为那是必然会再次发生的。也许你现在很享受家庭生活和感情中的其他方面，所以能够容忍他的不忠。与自恋者在一起，就意味着为难自己。

如果与你打交道的是一个“纯粹”的自恋者，而不是更危险并具有黑暗三人格的自恋者，那么你可能会发现自恋者有时确实显得脆弱，甚至是真切的悲伤（精神病患者不会表现出脆弱与悲伤）。这无疑会引起你的同情、关心和友善，这也是人们面对他人痛苦的正常反应。自恋，与人类其他心理一样，并不是非黑即白，而是持续的人类经历，脆弱、悲伤和伤害就像结缔组织连接着你和自恋者。但当他变回冷漠、无情，想极力控制你时，又会让你感到困惑。

自恋者同样也是人，他们其实也有感情，他们也会受伤——他们只是没有足够的情感词汇来表达自己的感情。因此，你会感觉他们痛苦和受伤时与平时的行为不连贯，或者他们可能会在这些时候发泄不合时宜的情绪，如愤怒或无端指责。他们的性格不适合建立亲密关系。但他们依然是人。理解他们或许能让你和他们成为朋友，或者，如果你在他们身边也能成为好伴侣。但富有同情心并不意味着牺牲自己。

他们缺乏同情心并不意味着你必须对他们冷漠。所有人都值得被爱、温暖和同情——只是注意不要在给予这些爱的过程中失去自己。给予他人关爱，特别是给予自恋者关爱，就不要期望得到太多回报。给予关爱并不是一定要建立深度或亲密的关系，但却能塑造文明风气，也能获得协作性更强的友谊。有了爱，我们在给予的过程中才能够恢复活力。世界以各种方式回馈你所付出的爱，不要只向你的伴侣寻求关爱。只从伴侣那里寻找爱的短视会让你错过身边的爱、关心和美好。理解并不是“找借口”，而是准确地对行为和结果进行预测。

总之，你要时常自我审查，确保自己生活在现实之中，而不是等待“童话般的结局”。你的生活已经改变，但并不一定会变糟，关键取决于你是否愿意将注意力从过去转移到现在和未来。即使在灰烬中，王国也能崛起。结束与自恋者的感情后，通常都会陷入创伤后阶段，你的脑海中会不断循环：“结果为什么会这样？”“我现在该怎么办？”“这不公平。”“我永远也找不到幸福了。”你可以继续自我反省，小心翼翼，回想你为了力求完美所付出的精力、与自恋者无止境的争论和生活在否定中的感受。如果你们需要共同抚养孩子，自我反省是可以理解的，但是无须时时刻刻自怨自艾。那些曾经浪费的精力现在都可以用于自身的成长，让自己的生活更健康、更现实。

关于同情心，达赖喇嘛说过：“只有同情他人、理解他人，我们才能获得一生追求的安宁和幸福。”经历过与自恋者的感情，很容易失去同情心。你若富有同理心和同情心，这是你的天赋；你不能让自恋者剥夺你的同理心和同情心，进而剥夺你内心的幸福。这段感情只是复杂生活中的一个插曲。请记住，即使面对自恋者的伤害，也不能放弃自己的人性、善良和感恩的心。多看看身边的好人，勿忘感恩。

也不要忘记那些让你痛苦甚至伤害过你的人，深入挖掘，给予同情心。这段感情已经给你的生活造成了足够的伤害；再不要因此而失去同情心，从而失去幸福感。如果别人给了你信任的理由，那就是给予你的信任。给予自恋伴侣同情心并非易事，但是这可能是这段感情中最治愈的部分。同情需要宽恕，但不是盲目的宽恕。德斯蒙德·图图（Desmond Tutu）[①] 的智慧之言："宽恕不是遗忘，而是更好地记住——记住但不要反击。这是开启第二次机会的开始。如果你不想重蹈覆辙，请务必记住所发生的一切。"

电影《指环王》三部曲的结尾，有一句非常优美的台词。托尔金[②] 写道："属于你的时刻终会到来。不要难过。你并无分身之术。你必须振作精神。你还有太多美好没有享受，太多的愿望没有实现，太多的事没有完成。"

记住这几句话。敞开心扉，保持头脑睿智，谨慎小心。从过去的经历中吸取教训，但不要让过去定义你的未来。你与自恋者的这段感情可能既有美好又有挑战，是你人生光辉故事的一个组成部分。不管你选择留下还是离开……祝福彼此安好。以你的方式爱他们，他们也爱你。

① 1986 年当选圣公会开普敦大主教，1995 年领导"真相与和解委员会"促成南非的转型正义与种族间的和解。图图被广泛认为是"南非的道德良心"，现为"国际长者会"成员，与一群世界领袖人物以他们的智慧、善良、正直和领导力在全球倡导人权。（译者注）

② 约翰·罗纳德·瑞尔·托尔金，英国作家、诗人、语言学家及大学教授，主要著作有《霍比特人》《指环王》与《精灵宝钻》等。（译者注）

# 致谢

SHOULD I STAY OR SHOULD I GO?

完成本书对我来说并不易。历时三年时间，本书凝结了多年临床工作、采访、教育和研究的重要成果。收集主题材料具有挑战性，虽然研究自恋型人格障碍是一种有趣的心智训练，但当涉及真实的故事、真实的人、真实的伤害时就不再是简单的训练了。我有幸拥有一群快乐的小蜜蜂陪伴我左右，鼓励我坚持，才成就了今天这本书。

感谢安东尼·齐卡迪（Anthony Ziccardi）、凯蒂·多南（Katie Dornan）和后山出版社的所有人，感谢你们从人群中挑选了一位斗士，给予她发声的机会。感谢斯蒂芬妮·克里科里安（Stephanie Krikorian），无论是在东汉普顿的海滩上，还是在本尼迪克特峡谷的餐桌上，无论是发电子邮件还是打电话，只要我需要，你一定有求必应。由于你的信任，我才有了作家这个身份。感谢劳拉·阿舍（Lara Asher），你对于我写本书的支持成就了我的作家梦，你的编辑才华起到了力挽狂澜的作用。你作为真挚的朋友，作为一名女性文学家对我的支持，支撑着我坚持完成写作。吉尔·达文波特，谢谢你为我拍摄的照片，还有我们37年的真挚友谊。你以敏锐的洞察力，拍摄出了真实的我。

感谢罗伯特·麦克，坚定地提醒我不带自我色彩地讲述自我的故事。感谢玛格丽特·斯宾塞（Margaret Spencer）帮我照顾调皮的汤姆和黛西。感谢帕梅拉·哈梅尔（Pamela Harmell）博士，在我们共事时耐心倾听我对本书的构思。20多年来，你一直是我学习的标杆，使我意识到心理治疗与科学和魔法同样重要。

感谢我忠实的朋友卡拉·沙利文（Kara Sullivan）、克里斯汀·安德森（Christine Anderson）、丽莎·里德曼（Lisa Readman）、蒙娜·贝尔德（Mona Baird）、黛比·汤普森（Debbie Thompson）、艾米莉·夏格利（Emily Shagley）、托尼·门丁格尔（Tonia Mendinghall）、雪莉·扎尔内金（Shery Zarnegin）、凡妮莎·威廉姆斯（Vanessa Williams）、凯瑟琳·米德（Kathiann Mead）、托尼·刘易斯（Toni Lewis）、塔斯尼姆·桑吉（Tasnim Shamji）、贝丝·科瑞茨（Beth Corets）、谢丽尔·约翰逊（Cheryl Johnson）、詹妮弗·梅兹（Jenifer Maze）、基兰·沙利文（Kieran Sullivan）、布莱恩·多诺万·罗西（Bryan Donovan-Rossy）、米格尔·罗西·多诺万（Miguel Rossy-Donovan）、佩里·哈尔基蒂斯（Perry Halkitis）、珍妮弗·怀斯特（Jennifer Wisdom）、莎丽·迈尔斯-科恩（Shari Miles-Cohen）、基恩·金·西卡塔（Keyona King Tsikata）、西亚塔·华莱士（Scyatta

Wallace）、特拉维斯·沃尔特斯（J.Travis Walters）、赫克托·迈尔斯（Hector Myers）、史蒂夫·布雷迪（Steve Brady）、埃里克·博苏姆（Eric Borsum）、埃里克·米勒（Eric Miller）、内柴瞳（Hitomi Uchishiba）、伊丽莎白·林恩（Elizabeth Linn）、法雷·卡特林（Fary Cachelin）、谢莉·琼斯（Shellye Jones），还有我敬爱的莫妮卡·谢尔曼（Monique Sherman）。感谢艾伦·拉克杰顿（Ellen Rakieten），我终于打通了芝加哥的电话，感受到了那里的冬天！谢谢你们对我的支持和鼓励。感谢接受我采访的所有人，连续数小时与我分享那些与自恋者感情中坚韧的生存故事。你们愿意如此详细地与我分享你们的故事，有时甚至勾起了你们痛苦的回忆，对此我心存感激。我希望通过将你们叙述的故事编著成这本书，能够引导他人免受伤害。感谢奥雷里奥·博格斯（Aurelio Burgos）、尼娅·洛登（ Nya Lowden）、安娜·莫拉莱斯（Ana Morales）、米兰达·埃尔南德斯（Miranda Hernandez），感谢你们对本书的行政协助。感谢我在加州州立大学洛杉矶分校的所有学生，感谢你们每个季度忍受我所做的关于自恋的讲座，你们无法想象我从你们的问题中获得了多少知识。

感谢摩根·威尔逊（Morgan Wilson），这是我们一起合作的第二本书了！感谢你的耐心和关爱，感谢你给予我的安全感，不远千里开车过来帮我照顾孩子，我才能够集中精力写作本书。

感谢比尔·普鲁伊特（Bill Pruitt），提醒我看星星、月亮、日食和桉树；要是没有你的提醒，我都要忘记人生中的这些趣事了。人生就像一座迷宫，无奇不有。

感谢帕梅拉·里根（Pamela Regan），你在婚姻和感情方面的知识如一本百科全书，为本书提供了有力的佐证，感谢你的友谊、你的智慧、你分享的知识。感谢卡维里·苏布拉曼亚姆（Kaveri Subrahmanyam）、格洛丽亚·罗梅罗（Gloria Romero）和黛安·刘易斯（Diane Lewis），虽然我们的工作充满艰辛，但在我职业生涯中最困难的时期，你们的友谊和才华让我保持乐观与坚强。行业领域中还有无数同事、导师、学者和临床医生都给予了我大量支持。我有幸参加了许多关于人格障碍和自恋的研讨会和培训，感谢临床医生和学者在这方面所做的贡献，感谢洛杉矶加州州立大学洛杉矶分校、美国国立卫生研究院对我的教学、研究和学识方面的支持。

感谢孩子们优秀的父亲，我的前夫查理·辛金（Charlie Hinkin），是你的支持使我在进入决胜阶段时扭转了乾坤。

感谢帕德玛（Padma）、乔，还有我美丽的坦纳·索尔兹伯里（Tanner Salisbury），是你们给予了我力量、关爱和理智。感谢塞·德瓦苏拉（Sai Durvasula）和拉奥·德瓦苏拉（Rao Durvasula），虽然你们认为心理学并不适合我，但是我还是坚持到了现在。最后我们都学到了人生最重要的一课，那就是彼此无条件的爱。感谢我们共享的时光。

珊蒂和玛雅，你们是我伟大的缪斯女神。作为母亲，我为你们感到骄傲，我爱你们。谢谢你们让我成为“整数型妈妈”。我的心和生活因为你们的歌声和欢乐而充实。谢谢你们把我从无尽的思绪中拉出来，投入生活。（千万不要与自恋者约会或结婚。）